祖国的未来寄托于下一代。准确地说，
寄托于具有想象力、创造力的下一代。

为什么中国出不了大师

探讨钱学森之问

石毓智 著

科学出版社
北京

图书在版编目(CIP)数据

为什么中国出不了大师：探讨钱学森之问/石毓智著．—北京：科学出版社，2011.12

ISBN 978-7-03-032934-9

Ⅰ.①为… Ⅱ.①石… Ⅲ.①科学研究-人才培养-研究-中国 Ⅳ.①G322

中国版本图书馆 CIP 数据核字（2011）第 248959 号

责任编辑：付　艳　王昌凤／责任校对：刘亚琦

责任印制：赵　博／封面设计：铭轩堂

科学出版社出版

北京东黄城根北街 16 号

邮政编码：100717

http://www.sciencep.com

北京科印技术咨询服务有限公司数码印刷分部印刷

科学出版社发行　各地新华书店经销

*

2012 年 1 月第　一　版　开本：720 × 1000 1/16

2025 年 4 月第十次印刷　印张：16　插页：3

字数：249 000

定价：68.00 元

（如有印装质量问题，我社负责调换）

“钱学森之问”：为什么我们的学校总是培养不出杰出人才？

作者简介

石毓智博士，2011 年摄于斯坦福大学

作者分别于 1996～1999 年和 2010～2011 年前后两次进入大师云集的斯坦福大学，流连于数学、哲学、物理学、化学、历史学、宗教学、心理学、统计学、生物学、语言学、经济管理学、计算机科学等系科的课堂和各种学术活动现场，聆听来自其他院校的大师的讲座，收集材料，分析取证，写成本书，尝试对钱学森先生和温家宝总理提出的关于教育的问题作一个深入、系统的探讨。

此外，最近两三年来，作者还走访了哈佛大学、麻省理工学院、普林斯顿大学、剑桥大学、加州理工学院、哥伦比亚大学、芝加哥大学、加利福尼亚大学伯克利分校等 20 余所世界名校，尝试从它们的校园文化中寻找其成功的秘诀。

本书写于斯坦福大学标志性建筑群“主大院”（Main Quad）的“乔丹大厦”（Jordan Hall）的 001 办公室，于 2011 年春节前后完成。

PREFACE

前言

“为什么我们的学校总是培养不出杰出人才?”钱学森先生提出了对中国教育的疑问，很多人也有同感。

“这是对我很大的刺痛，也是鞭策。”温家宝总理说出了很多教育工作者的感受。2010 年 5 月 4 日在与北京大学师生的座谈会上，温总理语重心长地用钱老的话让大家来反思。

就在钱学森先生去世后不久，安徽省的 11 位教授在《新安晚报》(2009 年 11 月 11 日) 上发表公开信，认为“钱学森之问”是关于中国教育事业发展的一道艰深命题，需要整个教育界乃至社会各界共同破解。这个被称为“钱学森之问”的问题，已引起上至国务院总理下至普通学生的深思。它是沉重的，也是不容回避的。只有直面这个疑问，才能为目前中国教育存在之种种问题寻求真正的解决之道。钱老的疑问，也是所有教育工作者的疑问，是社会各界对中国教育的疑问，是一个伟大民族必须直面的疑问。

我是以一种高度的使命感和责任感来写作本书的。钱老的疑问是一个极度复杂的问题，我不敢妄言我是回答这一问题的不二人选，但是能回答这一问题所需要的多种条件，也许是阴错阳差，也许是上天的安排，大都集中在我身上了。我是以“天降大任于斯人”的态度来写这本书的，至于讲得有没有道理，就留给读者去评判了。

要回答钱老的问题，个人认为需要具备以下九个条件。

第一，对中国的传统教育和历史文化的了解。我们很多现在的教育理念都是深深植根于传统的，但是没有对传统的深刻反思，就找不到问题的症结，对现在教育问题的理解就只能停留在表面现象上。我本来是学习中文的，一直在阅读中思考中国的历史文化问题。过去两年来的两段经历，让我对中国传统教育有了深刻的认识：一是两次参加由河南省教育厅主办的“全国教育名家论坛”；二是在湖南教育电视台“湖湘讲堂”上作了18集的电视讲座——《孔子和他的弟子们》，后来根据讲稿而整理的《非常师生》由商务印书馆出版。这项工作的完成，大大增强了我写这本书的信心。

第二，对中国教育的直接感受。我是一直在国内读完硕士研究生以后才到美国继续深造的，而且在国内两所大学先后工作过六年。即使在新加坡任职期间，每年我也都有几个月的时间在国内大学讲学，几乎去过所有的国内重点大学。我长期在国内很多大学兼职授课，并有大量的机会与学生、老师和教育管理者交谈，因此对国内的教育现状有切身的感受。

第三，具有西方教育的背景。俗话说“百闻不如一见”，不亲自到西方的大学读书，就不可能真正了解西方的教育。我于1993～1999年在美国求学，先后就读于加利福尼亚大学圣迭戈分校和圣巴巴拉分校，最后于斯坦福大学获得博士学位。特别是，我利用学术休假，于2010～2011年二度来到斯坦福大学，因为没有学习的压力，可以全方位地观察西方教育的运作机制。

第四，学术研究的甘苦深知。要回答“钱学森之问”，就必须知道学术研究的甘苦，非亲自品尝而不可得。所以，这种书的写作只有处于教学和学术研究第一线的人才能胜任。我有自知之明，自己不是大师，也不可能成为大师，但是我在学术上所走过的道路之漫长，在同龄人中也是不多见的。我在海内外40余种不同的杂志上发表论文100余篇，几乎覆盖汉语言学的所有最好的杂志；在东西方最著名的出版社共出版中英文专著16种，中国、美国、荷兰的学术刊物发表书评对我的论著给予了很高的评价，认为是同辈学者论著中学术影响因子最高的论著之一。

第五，具备文科、理科的综合知识。我是学文科的，一直都在这个领域里耕耘，但是从大学开始就热衷于自然科学学习，大概一半时间是用来学习数学和科普知识的，而且我还对哲学特别感兴趣。在国内读研究生期间，我正式修读了数学系的两门研究生课程，与数学系学生一起上课、做作业、参加考试，最后圆满完成学业。特别是我于2010～2011年在斯坦福大学访学期间，全身心投入文、理多个系科的功课学习和学术讲座，包括数学、哲学、物理学、化学、历史学、宗教学、心理学、统计学、生物学、语言学、经济管理学、计算机科学等学科，基本是文理平衡。虽然我不能完全理解我专业之外的学科，但是感悟良多，特别是对东西方教育的差别有了切身的感受。我这样投入学习的目的之一，就是为了能更好地完成本书。

第六，具备科学发展史与科学哲学方面的知识。这两个方面的知识可以帮助我们理解影响人类的大思想家、大科学家如何能够成功，他们的智慧对今天有什么启迪，科学发展的规律是什么。更重要的是，要对科学体系有一个全局的把握，清楚不同学科之间的区别与联系，必须具备科学发展史与科学哲学知识。杰出的人才所具备的知识，既包括自然科学方面的，也包括社会科学方面的，看似领域不同，其间实际上存在着各种各样的联系。

第七，亲自聆听大师的教诲，目睹大师的风采。要讲受到大师的培养，最起码要见过大师，亲自感受他们的风采，而且还必须是见过一定数量的大师，否则所观察的结果可能不具有代表性。斯坦福大学是大师云集之地，很多学科都是世界上最好的，不少教授都是各个学科独领风骚的人物。而且，斯坦福大学为了培养学生，还邀请世界各校的著名学者来讲学。在过去一年里，仅我听过讲座的学者就来自哈佛大学、普林斯顿大学、剑桥大学、麻省理工学院、加利福尼亚大学、加州理工学院等世界著名学府。这些学者的层次之高，我只以数学系在2010年秋季和2011年春季两个学期中请的三位学者——丘成桐、Terence Tao和Edward Witten来说明，他们三位都是菲尔兹奖（数学界的最高奖，等同于诺贝尔奖）获得者，Terence Tao被美国的《探索》杂志评为20～40岁科学家中智商最高的科学家，Edward Witten被认为是今天的爱因斯坦。他们的六场讲座我全部都听了，而且还做了笔记。我虽然天资愚钝，但是可以做个好学的人。坦诚地讲，没有见过这么多国际一线大师，我也没有写好这本书的信心。

第八，世界顶尖学府的学习环境。这种书的写作必须在一个特殊的地方完成，那就是学术地位明显高于其他大学和研究所的地方。“会当凌绝顶，一览众山小”，当你登上泰山的时候，你才会体会到“小天下”的感觉。这不是因为你个人膨胀了，而是因为你站的位置高。这本书的写作就是在斯坦福大学的标志性建筑“主大院”的“乔丹大厦”一间小小的办公室里完成的。在每次写作间歇，漫步在斯坦福大学的校园里，徘徊在西班牙风格建筑的长廊里，这些都能给我灵感和信心，也赋予我看问题的高度。如果没有斯坦福大学给我提供的各方面的条件，我是没有信心写这本书的。就像杜甫写《望岳》一样，没有登上泰山的感受，是写不出这样的好诗的。

第九，经历学术上的波折和磨难。一个人在求学和从事学术研究的过程中，如果太顺利，欢乐和幸福永远伴随着他，那么他的体验就有限，感受也不会太深，悟性也得不到磨砺，看问题也就不可能全面深刻。我一直有这样一个看法：假如孔子一直在鲁国担任大司寇，没有14年颠沛流离的磨难，他的思想就不会那么丰富深刻，也可能就成不了中华民族的“圣人”。人不分贵贱高低，成长的道理是相通的。苦难，谁也不会自觉自愿去找，但是当“天将降大任于斯人”时，它就会特别眷顾你。我在学术追求的道路上走得比别人久，受的磨难也比别人多，所以对事情的感悟和看法也与别人不一样。

匹夫不敢忘国忧。虽然身为一介书生，人微言轻，但是我觉得自己的责任并不小。下面是胡锦涛总书记在中共中央政治局第二十六次集体学习时谈教育的一段话（2011年2月22日），其中蕴涵着本书的写作目的和目标：

> 面向未来，我们一定要增强紧迫感和责任感，坚持把优先发展教育作为贯彻落实科学发展观的基本要求，推动教育事业科学发展，办好人民满意的教育，实现教育和经济社会协调发展，充分发挥教育在党和国家事业中的基础性、先导性、全局性地位和作用。

本书的风格是不煽情，不做愤青，而是以科学的态度来写作，努力做到认真观察，冷静思考，深入讨论，阐释全面、系统。最近网上风传一则报道，讲中国的大学与哈佛大学的差异，还附有图片，在凌晨4点的哈佛大学图书馆里，灯火通明，座无虚席。这则报道的动机也许是好的，但是内容是假的，而且极具误导性。我调查了哈佛大学的所有大图书馆，每天最早8点开馆，最晚12点闭馆，怎么可能有凌晨4点学生在图书馆学习的情景？如果有学生去仿效，也早上4点起来，那他这一天就别上课了！高度疲劳的学习，不仅难以有什么成效，而且会危及健康。

少数人看了这个书名可能就不赞成："你怎么能说中国没有大师？我们不光有大师，还有泰斗呢。"这话不假。在中国，那么多学科领域都有自己的大师甚至泰斗。对于一些人来说，"大师"似乎并不罕见，要么自认为自己是，要么认为自己的老师是，要么认为自己的亲朋好友是。然而，我们要知道，"大师"是一个相对的概念。我们所说的"大师"就是钱老心目中的那种大师，就是对当今科学做出重大贡献、影响人类思想文化的那种大师。我们只是希望中国的科学文化走得更高更远，而不是要贬低谁，更不赞成那种民族虚无主义。

鉴于国情，我需要作特别的提醒：那些爱国主义热情高昂者可能对本书产生反感情绪，因为本书多次引证国外的案例，会给人一种错觉，那就是作者似乎认为国外的什么都好。其实，我的爱国热情不比任何人低，之所以殚精竭虑来写这本书，就是希望我们的国家将来人才辈出，更加富强，永远富强。我也很反感那种"西方的月亮比中国的圆"的论调，但是同时我们也应该知道，西方也在借鉴我们的优良传统。斯坦福大学工程学院在美国也是数一数二的，学院大楼的地板上的一块金属牌子上写着一句中国谚语："师傅领进门，修行靠个人。"（Teachers open the door and you must walk through it yourself.）我们必须有自信的态度、豁达的胸襟、开放的情怀，才能够真正强大。

本书虽然是关于科学教育和科学创造的研究成果，但是我放弃学术专著的写作风格，决定以亲近大众、生动活泼的语言风格呈现给读者，是基于这样的认识：这个问题是属于大众的、属于整个社会的，而不仅仅是少数专家或者管理人员的事。

非常感谢斯坦福大学，她之前给我颁发全额奖学金使我读完了博士学位，今天又给了我这个宝贵的充电机会和无与伦比的工作环境。特别感谢 Paul Kiparsky 教授和 Thomas Wasow 教授，没有他们提供的条件，也就没有写这本书的可能性。

特别感谢郝建华编审、付艳编辑以及其他相关的朋友，是他们的努力才使得本书能在科学出版社这么好的一个平台上与读者见面。

要特别说明的是，我只是根据个人的经历、学识和观察问题的角度对这个问题进行探讨，既不是定论，也不是什么政策宣示。其中的偏颇、谬误一定不少，欢迎广大读者批评指正。每一个关心中国教育和民族前途的人，都会思考这个问题，自然也会有自己的看法，对这个问题也可能有更好的见解。本书的出版旨在抛砖引玉，如果真的能起到这个作用，那就是我最大的收获，也是本书最大的价值体现。

石毓智

2011 年 5 月 12 日于斯坦福大学

CONTENTS

目　录 /////

1

中国人的创造力为何弱

2011年2月27日，温家宝总理在与网友的交流中说了下面两段发人深省的话：

> 其实，世界都在谈“中国崛起”，人们议论最多的是GDP，但我以为“中国崛起”的标志是在人才、是在教育。
>
> 我们高等教育改革的一个重要方面就是要激励学生学习的自觉性、创造精神和独立思考的能力，让众多的大学生当中能够涌现出像钱老所希望的“拔尖人才”，这样我们整个国家就有希望了。

这是一个杰出政治家的深刻见地。这个问题关乎国家的前途命运。仅仅有钱的国家算不得真正强大。中东地区那些主要以卖石油为经济支柱的国家人均收入比我们高多了，甚至比欧美发达国家还高，但它们能算是强盛国家吗，能得到世界的尊重吗？对于一个只有金钱的国家，一次风暴、一场战争，轻者可以让一个国家倒退几十年，重者可以让一个国家土崩瓦解。对于中国来说，各个领域都涌现出大师才是真正崛起的标志，也才是永远强盛的保证。

普遍来说，中国学生的思辨能力、想象能力、创造能力比较弱，而长于死记硬背和机械性的技术操作。自然，在中国教育文化环境中成长起来的人都有这个特点。我个人也不例外，因为我也是被中国教育文化熏陶出来的人。

我前后两次到美国学习，共 7 年，上过各种各样的课，有机会观摩来自各个国家的学生的课堂表现。在第二外语学习这类课上，中国学生，也包括新加坡的学生，表现非常突出，课堂反应快，考试成绩好。然而在研究生的专业课上，特别是在讨论课上，美国学生和来自欧洲的学生表现最突出，中国学生则显得木讷，手足无措。

从宏观上看，斯坦福大学是当今计算机科学的中心，在美国首屈一指，对人们生活影响最深刻的计算机技术和产品，大都是这里创造发明的。斯坦福大学作为龙头，带动了周边 IT 产业的发展。硅谷一带汇聚了世界上 IT 行业的人才，其中人数最多的是印度人和中国人。在这里经常遇到的大都是国内名牌大学的毕业生，不乏北京大学、清华大学毕业的。但是，中国人多是 IT 行业的“农民工”，干的多是体力活，从早晨到深夜，埋头编程、设计。然而在高管阶层，特别是在技术创新层次上的总设计师中，却很难见到华人的身影；不是一个也见不到，而是与在这里工作的华人人数太不成比例。

讲一些我自己的观察。斯坦福大学的计算机系是全世界最好的，然而该系的教授队伍中没有一个是来自中国的毕业生，甚至也没有来自亚洲的毕业生。计算机系有一个系列讲座，叫做“著名计算机科学家论坛”，我听了一些他们的讲座，演讲者都是清一色的欧美学者。令我印象最深刻的是 2010 年秋季请了一位 Google 的设计师，这位学者看上去也只有 30 来岁，整个礼堂都挤爆了。

再看看中国路上跑的汽车，也有很多令人担忧的地方。国人现在都很自豪，汽车已经普及了，而且在数量上已经赶超了西方很多发达国家。然而，再看看汽车的品牌，即使在中国的土地上也很少看到自己设计生产的品牌（近来奇瑞多了些），要么是日本的，要么是德国的，要么是美国的，还有少数其他国家的。虽然可以说我国是生产汽车的“工厂”，但真正的概念和创意都是人家国外的。这种状况一日不改变，就不能说我们是一个真正发达的国家。美国就更不用说了，别说没有中国的品牌车，连中国合资生产的都找不到。而国土面积很小的韩国，还有“现代”，在美国的公路上还时常可以看到。

中国现在的GDP（国内生产总值）已经位居世界第二，但是这是怎么得来的？在美国商店里，中国的产品随处可见，特别是服装、玩具和小商品。虽然上面都写着“Made in China”，但是品牌都是人家的。就服装业来说，Polo、Gap、Levi'S、Banana等很多产品都是由中国生产的，我们付出的不仅是原料和劳动力，还有污染的环境；人家付出的只是概念和设计，而且生活在一个干净的环境中，买着便宜得让他们都吃惊的产品。我每次到这些商店里去，一个强烈的感受就是：真是不公平呀！

斯坦福大学周围是世界计算机科技的中心，虽然在地理上离我们很遥远，但是它们的创造发明影响着今天我们每一个人的生活，几乎每一个人都离不开。这里有世界计算机产量最大的HP基地、Google中心、Apple总部、Facebook总部、NOKIA研究中心等，各种数不清的电子品牌的总部都在这里。但是它们只发明、开发、卖技术，没有工厂，没有工人，不搞生产，他们把这些高强度劳动和高消耗、高污染、低回报的生产过程都设在了中国这样的国家。我到它们总部参观的时候，心里就觉得伤痛，什么时候能倒过来，起码是对半均分？只有到了那时中国才能算得上是一个科技文化强国。

再从科学界来看，封建社会时期的中国体制落后，毋庸赘言。而最近100多年新兴的科学分支，如遗传学、信息论、系统论等，也没有中国人的参与。我两次来斯坦福大学，听过十几个系科的大量课程和讲座，其中有很多很多用一个人的名字命名的公式、定理和理论，却几乎见不到中国人的名字，这与我们泱泱大国的地位太不匹配了。说“几乎见不到”就是不是“完全见不到”，还是有例外的，那就是“Calabi-Yau Space”在一次讲座中反复出现多次，这里的“Yau”指的是丘成桐的“丘”，但是这个演讲者就是丘成桐自己。

我是搞语言学研究的，遇到的情况可能有些代表性。西方语言学界有了新的概念、新的理论，国内语言学界马上一窝蜂去翻译、去介绍，用汉语的例子去印证。大家争论的是，谁理解得更正宗，张三说李四不懂，李四又批张三糊涂。然而斯坦福大学的一个语言学系，只有十几个老师，规模也就相当于国内大学的一个教研室，但人人都是其所属学科的风云人物。

造成中国人创造力弱的原因很多，其中之一与中国传统的教育理念很有关系。这也可以追溯到孔子的教育理念。孔子认为要杜绝四种毛病：

> 子绝四：毋意，毋必，毋固，毋我。（《论语·子罕》）

抱着为圣人讳的态度，孔子所杜绝的自然都是些不好的东西：不凭空想象，不绝对肯定，不固执拘泥，不自以为是。这些消极词语，诸如“凭空”、“绝对”、“固执”，都是后世的学者加上去的。

易中天先生是这样评说上面一段话的：“孔子对颜回的评价，为什么这么高呢？就是因为颜回有悟性。孔子做学问最反对四种毛病，叫意、必、固、我。意，就是凭空想象；必，就是绝对肯定；固，就是固执拘泥；我，就是自以为是。这四种毛病，孔子都没有，今人都不少。原因之一，就是没有悟性，一根筋，认死理，画地为牢，还死不开窍。”①

假如我们能够站在中立的立场来看，孔子的原话应该是：不要有想象力（毋意），不要太相信自己（毋必），不要坚持己见（毋固），不要保持个性（毋我）。马上能看出问题了，孔子要杜绝的四点，正是个性化教育应该提倡的，也是创新型人才应该具备的素质。几千年来，中国教育所应该深刻反省的地方，就是儒家的这一教育思想。

做到上述四点的学生，自然好管理。孔子最喜欢的学生颜回，就是遵守这些纪律的模范，从来不讲老师没有说过的话，从来不下肯定的判断，从来不提自己的观点，也从来没有意识到自己还具有独立思考的能力。对夫子除了崇拜，还是崇拜。听夫子的讲话，没有不专心的；听夫子的讲话，没有不高兴的。所以颜回得到夫子咏叹调式的称赞：“贤哉，回也！”

反面典型宰予，处处违背上述四条原则。《论语·八佾》记载，一次鲁哀公问宰予，祭祀土地神的牌位用什么木料。宰予答道：“周人用的是栗木，目的是让老百姓战栗。”这个解释不一定科学，但是够有想象力。然而，得

① 易中天：《先秦诸子百家争鸣》，上海文艺出版社，2009年。

到的是老师劈头盖脸的一顿臭骂。为父母服丧的问题是最能体现宰予独立思考精神的，老师坚持三年，他则说一年就够了，因为君子三年不修礼，不习乐，就会礼坏乐崩，而且还要春种秋收，人们要吃饭。孔子一听就生气了，问："这样做于你心安吗?"可爱的宰予只回答了一个字："安!"孔子听了更生气，于是说："你觉得心安就去做吧。"宰予还真的转身就走了，结果，宰予被老师批为不孝之子（《论语·阳货》）。这是我们在《论语》中看到的唯一一次弟子与老师唱反调。后来因为白天睡觉，宰予又被骂为"朽木不可雕也，粪土之墙不可圬也"（《论语·公冶长》）。

几千年来，中国太多的是颜回这样的乖学生，太少的是宰予这样具有独立思考精神、敢于坚持己见的学生。

想象力、思辨力和创造力都是后天培养的，而不是天生的。在学校里受到压制，在社会上得不到鼓励。我讲几个细节，看美国社会是如何培养他们年轻一代的创造精神的。

前不久，我带女儿去旧金山附近的蒙特瑞海湾旅游，那里有一个不大的水族馆，除了有各种海洋动植物以外，还有一个节目是免费电影，讲解海洋中的各种鱼类与现代的仿生科技。我记得很清楚的一点是，电影中说日本新干线的高速列车的车头是日本科学家根据鲨鱼头部的形状设计的，可以最大限度地减少空气阻力。中国现在的高速列车的车头设计，与日本的相比，外观很相似，这究竟是我们科技人员的创意，还是模仿人家的，不得而知，但是日本的高速列车比我们早很多年，这是事实。"寓教于乐"固然不错，但是"寓乐于教"也许更有效，儿童在游乐之中不知不觉获得了一种思考问题的方法，他们中的某些人就是未来的创造发明家。

洛杉矶的迪士尼乐园，几乎是美国儿童必去的地方。我带我的女儿就去过两次。最近一次是在2010年的12月。那里有许许多多花样新奇的刺激项目。其中有一个是高科技馆，展示将要改变人们生活的新技术发明，但是并不是新科技博览会，而是极为有趣的游戏。走进生活的设计，让小孩子感到新奇，让大人神往。

美国的很多景点，都有知识性、教育性的项目。例如，旧金山附近的红杉树原始森林公园，就有一个很小的博物馆，里边展示这里的生态环境、动植物变迁，说明气候因素、人为因素对生态环境的危害，从小培养人们爱护环境的意识。

我也去过不少国内的海洋世界、游乐场所，也都不错，但是缺的就是这种“寓乐于教”的点子。

美国的游乐景点，与我们中国的相比，都有一个明显的特点，那就是让参观者有机会亲自体验，让参观者触摸、摆弄、操作。例如，圣迭戈的海洋世界在国际上数一数二，参观者有机会触摸海星、大扇鱼，甚至可以与大蓝鲸亲密接触。此外，还有很多人与动物之间的互动节目。例如，坐在观众席的前几排，驯化的海豚或者蓝鲸会故意把池子里的水洒出来，打湿人的衣服，它们与人同乐。洛杉矶迪士尼乐园的高科技馆，基本上都是让人们亲自去操作、去体验。这就是一种科学的理念，让人们去亲自体验，不仅体现在教育中，也渗透到各种娱乐活动中。

我也去过国内的一些科技馆，只有上海等极少数城市才有。本来就很少有人有机会去，到那里也只能远观，不能近玩，结果人们始终对高科技有一种隔膜感、神秘感。这对培养人们的发明创造热情并没有多少帮助。

现在对学生创造力培养最不利的一面，是从书本到书本、从学校到学校的教育。创造力来自于想象力，想象力又依赖于人的现实经验。历史上很多重大的科学发现，都基于研究者的现实经验。一个人的现实经验越丰富，那么他的想象力就越丰富，也就越有可能做出创造发明。然而，书本的东西都是平面的、抽象的，多为知识性的东西，充其量只能增加些知识，培养些机械性的技巧。

缺乏现实经验，恐怕连古代的文化都难以欣赏。学生天天放学以后被关在家里做作业，没有月夜在旷野之中、在船上的体验，就不可能真正理解“野旷天低树，江清月近人”的透视美景。没有见过沙漠、黄河，不可能理解“大漠孤烟直，长河落日圆”的壮观。没有在农村待过，就闻不到稻花的香味，听不到夜静时的蛙声，也就不知道“稻花香里说丰年，听取蛙声一片”这两句诗到底描绘的是什么，更体验不到丰收的喜悦。

除了上课、做作业之外，孩子们的时间已经不多了，再加上电影、电视，特别是互联网的普及，孩子们可能与真实的世界基本隔绝。这样成长起来的一代，不能不令人担心。

国人的创新能力不高对经济发展的掣肘作用已经显现出来，特别是在经济比较发达地区，这个问题就显得更加突出。在2011年的“两会”期间，广东省省委书记汪洋接受中外记者采访时指出，广东经济所面临的困境是自主创新能力不强，很难走出老是跟在人家后面模仿的经济模式。他提出了三个破解办法：

第一，利用全国的科技教育资源为广东的自主创新服务。

第二，在全国、全世界吸引创新人才，最高每项技术、每个团队资助1亿元。

第三，激励企业创新，奖励额最高达3000万元。

应该说，汪洋书记是有胆识、有魄力的。但是我们应该清楚：首先，创新能力并不是钱可以买到的。正如广东外语外贸大学左连树教授所说的：整个中国的自主创新能力都差，你怎么去“利用全国的科技教育资源”？其次，单靠引进是不能解决问题的，就像中国足球一样，我们曾经几次高薪引进“洋教练”来执教，结果中国的足球成绩上去了吗？最后，科技创新也不是“重赏之下、必有勇夫”的事情，因为这靠的不是勇气，而是智慧。

政府意识到这是一个问题，舍得投资，这是个好消息。但是要从根本上提高国人的创新能力，必须意识到这不是一件可以急功近利、立竿见影的事情。就像美国那样，学校、社会和政府一起重视，从儿童时期开始重视，让创新精神成为个人习惯、社会风尚，那时情况才能从整体上改观，中国的经济才能持久地繁荣昌盛。

祖国的未来寄托于下一代，准确地说，寄托于具有想象力、创造力的下一代。为此，我们应该做些什么？国家已经注意到这一点，温总理在2010年2月与网友的交谈中指出：“其中最重要的一条就是要减轻学生过重的课业负担，启发他们的智力和能力，让他们学会动脑、动手，学会做人，使他们有坚强的意志和强健的体魄。”

等到中华民族的创造力完全发挥出来的那一天，我们开始卖概念、卖技术了，让日本做我们的工厂，让美国人为我们加工产品，世界各地到处可见中国品牌的产品，我们才算真正富强了。

2

中国学生为何后劲儿不足

中国的学生，从幼儿园就开始紧张，小学、初中层层加码，到了高中弦绷得最紧，然而进了大学就开始松懈。读硕士生、博士生，就是为了找一份好工作，除此之外，很多人并不清楚自己为什么要继续学习。

在 2011 年 2 月 17 日温总理与网友的交谈中，一位网友提到这样一个问题：

> 我是一名即将毕业的大学生，大学四年有一个感受，就是真正埋头学习的人少了，大家都变得现实了，最关心的是毕业后找工作。现在找工作难，找个好工作得有关系，要有门路，这让很多毕业生受打击。

温家宝总理非常重视这个问题，作了非常详细的答复：

> 你实际上提的是两个问题。一个是高等教育问题，为什么高中毕业

上大学就以为学习到头了？就会出现真正埋头学习的人少了？这还得从我们高等教育的制度来解决。

你提的第二个问题，说大学生最关心的是毕业后找工作，这是一种自然现象，也是合理的，因为只有工作才能为国家和人民服务。现在确实存在着你所说的现象，找工作难，找工作得有关系，要有门路。但是，我以为我们国家尽了努力，许多方面正在改进。

◢

这位网友提出了中国教育的一个普遍问题，就是学生的学习后劲儿弱。温总理认为，这有两个方面的因素：一是学生学习的内在动机；二是社会大环境。事实上，这两个方面的因素是有内在关系的。儿童从父母或者老师那里得到的期许就是，将来大学毕业后找一个体面的工作。那么上了大学以后，发现体面的工作并不是看成绩好，也就觉得学习没用了，因此就松懈下来。从根本上看，这还是与学习价值观相关，与对学习的期许有关。

在中小学阶段，中国的孩子勤奋聪明，在奥林匹克数学竞赛（以下简称“奥数”）这样的大赛中多次获奖，知识面也全，懂的甚至比大人都多，什么动物世界、天文地理，坐到电视机前就能学到，而且琴棋书画、吹拉弹唱，很多孩子都能来一手。

然而，中国学生普遍后劲不足，这是家长、老师特别是教育管理者应该特别关注的一个现象。后劲不足主要表现在，大学就开始掉挡，学习动机逐渐减弱，硕士、博士除了拿个文凭好找工作外，就不清楚为什么而学习了。在国际学术界，各个学科领域中的风云人物，由中国学校自己培养的，不能说完全没有，起码也是凤毛麟角。科学、经济学界的诺贝尔奖，数学界的菲尔兹奖，迄今为止我们还没有培养出获得这些奖项的人才。

那么，到底为什么中国学生的学习后劲儿不够？

首先，这与家长和老师从小对孩子的期许有关。我们是怎样鼓励劝说孩子的？努力学习，将来为父母争光，为学校争光。什么才叫“争了光”，无非是上名牌大学，将来有好的工作机会，有车、有房、有地位。现在社会上流行这样一个具体得不能再具体的标准：一个人成功的标志就是能够开上黑色的奥迪 A6。连颜色、车型都规定好了。这种衡量成功的标准也只能产生在中国这块土地上。为什么？我如今在旧金山的湾区，在每天上下班的路上看到奔驰、宝马满街跑，谁还会把奥迪 A6 当回事儿！更何况人家也没有以物质来衡量一个人成功与否的文化传统。

说到底，学习都是为了一个面子。所以学生一旦上了大学，就成了社会的佼佼者，已经出人头地了，特别是在大学生稀缺的 20 世纪 90 年代之前，做大学生的这种优越感就特别强烈。这样学生们就感觉到，父母和老师所赋予的使命基本完成了，因而他们再往前走的动力就小了很多。然而在通往科学高峰的道路上，上大学至多是走了一半的路程，而中国的学生就泄劲了，找不着方向了。

相比之下，西方鼓励孩子的角度则与我们明显不同，他们更强调的是个人智慧的发挥，发现社会与自然界中的真理，改善生存环境，造福人类。西方的学生到了大学才开始提速，真正加码，最后他们的学生比我们的学生走得远。

东西方学生的学科素质和知识结构也不一样。拿数学来说，中国的学生从小学就开始学算数，老师绞尽脑汁，变着花样让小孩子做题，一天到晚都埋在书本里。很多美国初中生才学的数学知识，中国小学生就学了。这是国人经常引以为自豪的地方，认为我们中小学生的素质比美国的好。其实，中国学生好的只是概念和做题技巧。美国中小学更重视的是各种数的概念在现实生活中的直观表现，因此他们的做法是：一个小时在课堂上学抽象的概念，三个小时让你用实物去理解这些数的意义，而不是反复地做题。最近听了斯坦福大学数学系举办的两场讲座，主讲人都是菲尔兹奖获得者，一个很深的感受是，要在数学领域取得辉煌的成就，必须具有超凡的想象力，而这些能力单靠做习题是培养不起来的。

高压之下的孩子，往往提不起对学习的兴趣。中小学生的学习，多是在父母的威逼利诱之下进行的，学好了就有物质奖励，学不好就体罚，个人的学习兴趣并没有被培养起来，更不要说达到“好之”、“乐之”的境界。甚至不少学生还产生了厌学情绪。一到了大学，父母的约束少了，从小到大那种压抑的感觉就得到了释放，终于可以放松了，可以好好玩一玩了，“把童年的损失补回来”，从而就把读书学习当成应付差事。

大学老师的引导没有跟上，也是造成学生后劲儿不足的一个因素。坦率地讲，在大学的教育中，没有多少老师能做到这一点：真正热爱自己的学科，洞悉本学科的魅力，用激情来感染学生，激发他们的学习热情。大学里很需要具有这种素质的老师。

学生的知识结构也是决定他们能走多远的因素之一。在某个领域能走得远、攀得高，必须有一个合理的知识结构。知识结构单一，非常不利于创造性思维的培养。中国教育的一个普遍问题是，过早专门化，知识结构单一，这样就很难有创造性。而且单一的学科知识不断重复，长此以往，非常容易导致脑神经的疲劳，这是学生厌学的一个因素。在一个领域有建树，必须在很多知识领域有准备。海外的两位华裔学者，一位是哈佛大学的丘成桐，一位是加利福尼亚大学洛杉矶分校的陶哲轩，他们获得了数学界的最高奖——菲尔兹奖，但是他们又分别在天文学和物理学领域都有深厚的背景和很高的建树。

中国学术界的管理体制也不太有利于年轻人的脱颖而出。刚刚参加工作的博士生，待遇差，生活常常入不敷出，为了生计，要到外边捞外快，不能专心于自己的科研。年轻人最需要经费来做科研，然而获取经费却很困难，因为科研经费的申请限制太多，而且靠人情关系的成分也很大，刚出道的年轻人在这方面是一个弱势群体。还有，单位内部和学术界的层级观念太重，把年轻人的生存空间挤压得很小很小。年轻人觉得希望渺茫，他们的斗志就很难高涨。

杰出科学家的培养需要一个生态环境，这不是一个人努力的事情。科学发展史证明，一个大科学家的周围往往有一个由大科学家组成的朋友圈子，他们之间要么聚会，要么通信，交流当时科研的前沿问题。长期以来我们还缺乏这么一个顶尖级的科学家群体，还没有形成前沿性问题的集合，这个也是出大师困难的原因之一。

一个国家能否培养出大师，主要看它所关心的问题是什么。从能不能提出问题，可以看出一个学生是否优秀；有没有要解决的问题，决定一个人的研究动机和兴趣；问题是否具有前沿性，决定一个人能达到的高度。中国要出现一个世界级的优秀科学家群体，是一个巨大、复杂的工程，需要一个长期的历史时期。

因为学习的动机被面子主导，中国学生往往走不远。就拿在澳大利亚出生的陶哲轩来作一个比较。他在 1988 年获得奥数金牌时，尚不满 13 岁。中国也有不少奥数奖牌得主，却没有人能够取得像陶哲轩这样杰出的成就，有些人甚至后来厌倦了数学，远离了数学。陶哲轩说，数学研究和奥数所需的环境不一样，奥数就像是在可以预知的条件下进行短跑比赛，而数学研究则是在现实生活中不可预知的条件下进行的一场马拉松，需要更多的耐心。在中国，有学生将奥数视为升入大学的一条捷径，所以才努力学习数学。陶哲轩认为，如果参加奥数只是为了升入一所好的大学，那么这个目标太低了。陶哲轩是学术界走得最远的人之一，他在 20 岁时获得了普林斯顿大学的博士学位，在 25 岁时被授予加利福尼亚大学洛杉矶分校的正教授职称，在 30 岁时获得数学界的最高奖——菲尔兹奖。

中国的学生是前紧后松，美国的学生则是前松后紧。

中国的孩子，上幼儿园时就开始紧张了，父母为给孩子找一个好幼儿园，真是不惜一切代价；幼儿园的小朋友就每天背着沉沉的书包。不少幼儿园为了显示自己的水平高，把很多小学的知识拿来教给小朋友。学习这根弦越绷越紧，到了高中进入冲刺阶段，每根弦都绷到了极限。考上大学以后，很多人觉得终于可以松一口气了，不松不行啊，否则那根绷了十几年的弦就会断裂。学习就像马拉松比赛，开始就用百米赛跑的速度跑，不到一半就体力衰竭，只好中途退出比赛。

美国的学生真正开始紧张，是从高中开始的。大学以后就更为紧张了。斯坦福大学的校园里，看不到成群结队嬉闹的学生，看到的都是专注地上课、读书的学生。每天下午五点课程结束以后，校园里几乎见不到人，要么在宿舍，要么在图书馆，做作业，阅读文献。博士生就更忙了，每天晚上十一二点的时候，学校的实验室还是灯火通明的。

结果，经过一二十年马拉松式的学习，该结果的时候，我们的很多学生松劲了、掉队了、放弃了，即使个别想坚持的人，也因为不知道目标在哪儿，要么在彷徨，要么走上了歧路。可是人家的学生，小的时候玩儿够了、快乐够了，到了大学，有了健康的体魄，具备了身体本钱，也知道了自己的爱好，开始加油，结果人家走得更远，有机会欣赏到科学王国的瑰丽美景。

中国学生的学习兴趣早衰，也与大学的教育方法有关。第一，学习内容单一。例如，学语言文学的只知道学习语言文学，学机械工程的只知道学习机械工程，这就好比让人吃饭，天天顿顿给一个人吃一样的饭菜，再好的美味佳肴也会使人吃腻甚至吃伤。第二，缺乏使命感和人文关怀。假如一个机

斯坦福大学工程学院大楼门前的谚语。仔细比较可以发现英文翻译与中文原意还是有出入的，中文的意思是说，开始阶段，师傅要手把手地教你，要把你领进去；等你有了能力后，再自己走自己的路。然而英文直译却是师傅只把门给你打开，即使进门这一步也得靠你自己去走，更不用说后来了。这种翻译上的偏差也说明东西方教育理念上的一个差别：西方在一开始就培养学生的独立性，而东方则总是对孩子不放心，要扶着他们走，送了一程又一程。

械工程学科的学生天天学本专业的课程，脑子里全是那些冰冷的机械，怎么可能产生学习的热情？斯坦福大学工程学院教育学生的思想很值得借鉴。

斯坦福大学工程学院大厅地面上的一块金属牌上雕刻着这样一句话："我是一个工程师，我的责任就是要让人类梦想成真。"大厅的墙壁上挂着另外一块牌匾，说明他们培养学生的宗旨：

> 通过他们的创造发明，帮助世界人民生活得更健康、更幸福，做事更容易、更有效率，使得人们之间的联系更加紧密。

一个有使命感的学生，一个有梦想的学生，一个认识到自己学习的意义的学生，学习兴趣就会越来越浓，劲头就会越来越大。

中国学生前紧后松式的学习，使学生既没有了童年的快乐，又丧失了成年后的收获。这背后的原因值得每一个人去思考。

3

大众思维与高端人才培养

在一般人看来，高科技人才的培养是少数精英们的事，与大众何干？然而，事实上它们不仅有关系，而且干系重大。

先让我们看一个统计数据。我作了一个关于诺贝尔奖的简单统计，不算文学奖与和平奖这两项，只考虑科学奖（包括物理学奖、化学奖、生理学或医学奖）和经济学奖，迄今为止，世界上已经有近 300 所大学或者科研机构培养出了诺贝尔奖获得者。然而，儒家文化圈里的大学一所也没有。有人会说，且慢，香港中文大学的高锟不是一个吗？然而，算他是有问题的，因为他获奖的成果是在英国读博士期间做出的，而且获奖时他也不在香港。

按照高科技人才的培养标准，所有儒家文化圈里的大学或者研究机构都应该排在世界 300 名之后，这包括中国内地、香港和台湾，以及新加坡的大学或者研究机构。

现在中国的体育事业走在世界前列，令我们骄傲、振奋，但是如果问我们有多少影响世界的科学家、思想家，答案恐怕是令人沮丧的。钱老也发出感慨：为什么我们的教育出不了大师？这应该是我们每一个关心中国教育的人需要深思的一个问题。造成这个问题的因素很多，其中一个最根本的因素就是我们尚缺乏产生大师的群众基础。

首先，让我们来看四个人，李白、宋祖英、牛顿、贝利，然后问一个问题：他们有什么共同点？大家会说，他们都是名人。不错。如果再问，他们成名有什么共同的环境吗？很明显，他们能够成功，与他们拥有广泛的社会群众基础有关。

上面四位分别是诗歌、文艺、科学、体育界的大名人。他们成功的共同点是自己所生活的时期、地方、国家都有自己成功领域的深广的群众基础。

提起李白，大家马上就会想到杜甫、白居易、韩愈、柳宗元这一群星灿烂的诗人群体，那个光彩夺目的唐代诗坛。唐代诗歌的鼎盛并不是偶然的，也不仅仅是个别人物的天才发挥，而是有着广泛的群众基础。从皇帝到卖油郎，从七八岁的小孩儿到年逾古稀者，从达官贵人到村妇婢女，都喜欢诗歌，崇尚诗人，常用诗歌来表达自己的情感。“疾风知劲草，板荡识诚臣”，这是唐太宗李世民《赠萧瑀》一诗中的两句。这首诗也被收入《唐诗三百首》中。在那种社会文化环境之下，皇帝也不忘风雅。

生活在唐代，一不小心就可能成为青史留名的诗人。据说，一个卖油郎，具体名字已经不清楚了，只知道姓张，在卖油的路上遇见了下雪天，不禁兴起，顺口说道：“江山一笼统，井上黑窟窿。黄狗身上白，白狗身上肿。”这个打油郎可能根本没有出名的意识，他的信口吟咏只是不经意被路过的人听了去，传颂开来，因为没有题目，后人就称为“雪诗”。我估计，卖油郎的姓氏都是随便安上去的，因为姓张的多，猜对的概率比较大，就像“张三、李四”的叫法那样普遍。

今天小学一年级的学生大都会背这首诗：“鹅，鹅，鹅，曲项向天歌，白毛浮绿水，红掌拨清波。”这是唐代的骆宾王 7 岁时写的。那时候社会崇尚诗歌，各个部门招贤，就是看一个人的诗歌写得好不好，父母自然就期待、鼓励、引导孩子走文学创作的道路。骆宾王写出这首好诗也许是偶然的，但是这种偶然只有在这种社会氛围中才能变为现实。

唐代，普通老百姓都对诗人特别敬重。那时的诗人要写好诗，就得走出家门，游历各地，他们不需要带什么盘缠，吃饭、住宿都是免费的，当地的老乡还唯恐招待得不周到。如果现在一个诗人到丽江写作，宾馆能多打一点儿折扣就相当不错了。恐怕在大多数情况下，说自己是诗人，再给人家吟诵几句自己的诗，如果不被当神经病轰出来，就算是比较幸运了。如今这个时代出一个大诗人都难，更别说一个群体了。

宋祖英是无可争议的歌坛一姐。2008 年北京奥运会的开幕式、每年的央视春节联欢晚会，甚至维也纳的金色大厅，如果少了这位歌坛一姐，光芒就会暗淡。宋祖英来自盛产鱼米和歌唱家的湖南。以刚过去的 2011 年的春晚来说，出自湖南的歌唱家，除了宋祖英外，还有李谷一、汤灿、张也等。哪个省份能比？我在湖南师范大学兼职五年，深知那里的群众文化之发达，他们招待客人，就是足疗和到歌厅唱卡拉 OK。不论男女老少都能唱，而且都像模像样的，在我这个外行人听来，很多都达到了以假乱真的水平。长沙被评为中国十个最有特色的城市，以“温馨”为特色，这温馨的气氛一大半都是歌舞营造出来的。湖南人的艺术细胞发达，这和他们长期与周边能歌善舞的少数民族相互影响不无关系，宋祖英就来自湘西的苗族。湖南这个地方必定会出大歌唱家，不过是谁也许是偶然的，因为这与个人的天赋和机会有关。

贝利是国际足坛的老牌明星，巴西人的骄傲。巴西国家男子足球队被誉为“五星巴西”，因为他们曾经五次获得世界杯冠军，这在世界上是独一无二的。从贝利的时代到现在，30 多年过去了，巴西队已经换了好几代人了，但巴西队仍然是世界上最强大的足球队。就在刚刚过去的 2010 年南非世界杯上，巴西队还被列为第一号种子队。中国人见了年轻的巴西男士，第一个反应一定是这个人可能会踢足球，而且这个猜测十有八九是对的。巴西的足球何以能够长盛不衰，与他们拥有广泛的群众基础是分不开的。从总统到偏僻乡村的孩子，不论男女老少，都酷爱足球，而且大都能踢几脚。据说，在巴西，不会踢足球，就难选上总统。

可是，反观我们国家，有多少学校有足球场？即使大一点儿的学校有足球场，也十有八九是锁着门的，不让人随便去踢球。中国足球虽然对体育事业贡献不大，但是对文艺界的贡献却是很突出的，春晚的不少节目是拿中国足球开涮的。2008 年春晚赵本山和宋丹丹的小品《火炬手》中有一道抢答题：“什么样的运动让人揪心？”宋丹丹：“足球。”接着问：“什么样的运动让人最揪心？”宋丹丹：“中国足球。”引得大家哄堂大笑，这让全国人民起码能乐上一年。长沙一家餐馆别出心裁，制作了一道招牌菜“中国足球”，其实就是臭豆腐烧猪蹄。真是够讽刺的！

其实，我是很同情中国男子足球队那帮小伙子的，更理解中国队多年来的土教练和洋教练。中国足球成绩不佳，不能简单怪罪他们不努力。看看我们的足球设施，看看我们的群众基础，就知道，他们能踢出这个水平已经很不容易了。假如我们的足球也像乒乓球、羽毛球那样普及，能够把最适合这项运动的苗子选拔出来，不敢说能踢赢巴西，但冲出亚洲不会有太大的悬念。

牛顿是现代科学之父，他出自英国也不是偶然的。单就影响人类的大科学家来说，英国一数就是一大批，如法拉第、瓦特、达尔文等。就获得诺贝尔奖的人数来说，美国最多，300多人，英国紧随其后，80多人。然而按照人口比例来看，英国只有5000多万人，美国则有3亿多人，英国还是排在美国前边。

在科学史上，为何英国的科学界群星璀璨？这与英国大众的逻辑思维水准密不可分。我有一个观点，看一个民族逻辑思维的水平，文学艺术是一个最好的窗口。英国的侦探小说和相关影视作品是世界上最有影响的，大家都知道福尔摩斯，很多人也都看过电影《尼罗河上的惨案》。记得20世纪80年代后期，中央电视台播放了一部英国电视连续剧，讲的是一位乡村老太太，因为她善于推理，当地警察局雇她成功地破获了一系列疑难案件。剧情虽然是虚构的，但是也可以从一个侧面反映英国普通民众的逻辑思维习惯。

历史上对人类危害最大的传染病是天花。大家可能知道天花疫苗牛痘是爱德华·琴纳发现的。其实第一个发现牛痘的是英国的一位家庭妇女，叫蒙塔基夫人。原来她只是写些诗歌之类的东西，充其量也只算是一个业余诗人，没有受过正规的科学训练。1718年她随丈夫出使土耳其，她完全是以家庭妇女的身份出使那里。蒙塔基夫人发现别人很容易感染天花，而牛奶工人却很少被感染，她就推断这一定与牛奶有关，推断牛痘可能使人具有这种免疫能力，于是首先在自己小孩儿身上实验，后来才逐渐得到科学界的认可和重视。蒙塔基夫人的思维方法就是逻辑学上探求因果关系的方法之一，即“共变求异法”，通过人们得不得天花的不一样的结果，再确认他们不同的生活条件，从而在两种现象之间找出可能的因果关系，最后通过实验来验证这种因果关系。这是人类最伟大的100个发明之一，挽救了无数的生命。

推理小说、侦探电影，表面上看起来，似乎与科学发现八竿子打不着，其实它们之间有强烈的共同关系，即寻找现象之间的因果关系。

推理小说和武侠小说是不相容的，前者是理性的、逻辑的，后者则是激情的、想象的。中国历史上产生了一大批武侠小说，特别是当代作家金庸把这种题材推到了极致，拥有广泛的群众基础，这在一定程度上反映了中国大众的思维特点，只重感性，不重理性。

提及上面这些，就是要表明一个道理：不论是文学、艺术、体育还是科学，一个国家要出大人才，特别是一个杰出人才的群体，必须有广泛的群众基础。我这里讲的“群众基础”有以下三层含义：

第一，历史传统。过去的人、现在的人和将来的人都热爱这一行，看重这一行，认为这是个崇高的事业，并以此作为价值判断的标准。

第二，参与意识。群众不仅是旁观者，还自觉不自觉地、不论何时何地积极参与其中。

第三，问题库存。大家都在思考如何改进这一行的问题，有些问题已经解决了，有些问题正在等待答案，与此同时不断有新问题出现。

那么，我们普通民众的逻辑分析水准如何？如果不是很差，也是有很大的改进空间的。注意，这里说的是“普通民众”，并没有否认那些受过教育的聪明人的存在，因此不需要人人对号入座。

既然大众的思维水准在一定程度上决定高端人才的培养，那么大师的培养就不仅是学校的责任，也是社会、政府的职责之一。美国社会和各地政府在这方面有一个清醒的认识，他们执政的一个目标就是培养大众的思维能力以及动手能力。

讲一个我的发现。美国很多地方都有“儿童发现博物馆”，斯坦福市附近的圣荷西市就有一个，里边有适合各个年龄段的项目，从两三岁的婴儿到十几岁的小孩儿都能找到自己的乐趣。例如，让小孩儿用彩色的纸张和绳子编织东西，玩水的游戏让小孩儿知道水的特性，玩空气动力的游戏让小孩儿知道空气的物理性质，还有根据杠杆原理设计的游戏，如何造弓形桥的游戏，交通灯的开关变换模型，急救车、救火车的样品展览等。这些都是我们成年人日常遇到的东西，也是与我们的生活关系很密切的现象事物。别以为这些都是小儿科，这一招很高明，说明他们培养人才从婴儿就开始了，培养他们的观察、动手能力，熟悉生活中一些常见现象的物理机械原理，培养他们对科学创造的好奇心，长大以后说不定就是个发明家。每到周末，很多父母带着自己的小孩儿来儿童发现博物馆玩。门票很便宜，一般家庭都不会觉得是负担。博物馆的运作主要靠政府补贴。想想我们中国的小孩儿，一到周末，要么被关在家里做作业，要么去特长班学习，诸如美术、音乐、体育等。虽然这些对提高小孩的素质有好处，但是要知道这些多是机械的模仿，并不是最直接、有效的培养儿童想象力、创造力的途径。

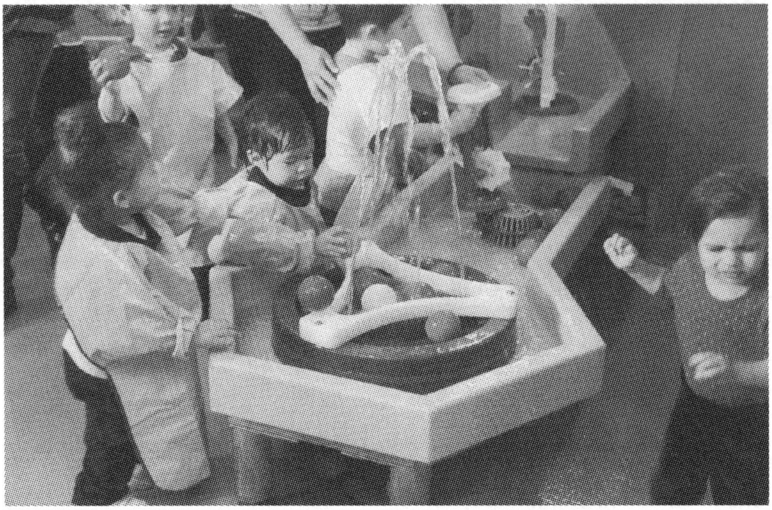

美国硅谷的“儿童发现博物馆”，让儿童从玩耍中领悟水、空气、圆的特性。如果中国每一个中型城市都能够引进这种博物馆，不仅会让小孩子周末多一个乐园，还可以为国家培养大科学家。

现在中国的经济发展了，政府修建了很多休闲娱乐场所，不少都是大手笔。像儿童发现博物馆这类益智设施，并不需要很大的投资，只是一个认识问题。假如各级政府的领导人意识到了这一点，那就是思想观念的一大进步，如果拨款建设一个类似的项目，那将惠及一方。

如果我们的民众关心科学，热爱科学，养成良好的逻辑思维习惯，那么我们国家出现影响世界的大科学家、大思想家也就不是奢望了。每个人都从自己做起，从自己身边的事做起，大师也就离我们不远了。

4

中国人的读书兴趣为何早衰

与中国的先哲相比，与西方人相比，现在国人的读书兴趣过早就衰竭了，这是一个普遍的社会现象。这对人生意义和价值的体现、对学术的创造和传承，都是非常不利的。

曾任耶鲁大学校长的施密德特说过一段很刺耳的话：“中国学者退休的意义就是告别糊口的讲台，极少数人对自己的专业还有兴趣，除非有利可图。他们没有真正属于自己意义上的事业。”虽然这几句话讲得很中肯，很切中要害，但是讲的只是现象，而不是原因。

中央电视台的《夕阳红》节目是专门为老人办的。片头的歌曲中有这样两句歌词：“最美不过夕阳红，温馨又从容。”把老人比喻成夕阳并不是太吉利，容易让人们产生联想，“日薄西山，气息奄奄”。同时，夕阳似乎只剩下余热了，使得这个年龄段的人的锐气很受挫，似乎也温暖不了别人。我国老人到一定年龄可以领老年证，拿着这个证件，在乘坐公共汽车、参观旅游景点、就医等方面，可以享受各种优惠。可是古今中外的无数事实证明，人到了70岁可以达到生命的高峰，谱写出人生最华彩的乐章。

孔子被称做万世师表，更准确地说，他是万世读书人的表率。孔子是这样刻画自己的："其为人也，发愤忘食，乐以忘忧，不知老之将至云尔。"（《论语·述而》）他说到了，也做到了。孔子人生最精彩的部分，是从他68岁时结束周游列国的生涯回到鲁国到他73岁去世之前这段时间。这时的孔子积累了两个得天独厚的条件：第一，人生的磨难，特别是14年颠沛流离周游列国，使他对事情有更深刻的洞察，对社会有更全面的彻悟；第二，一生发愤读书，对古代典籍的掌握达到了炉火纯青、融会贯通的地步，具备了著书立说的条件。更重要的是，这时的孔子对自己有了清晰的定位："弗乎弗乎，君子病没世而名不称焉。吾道不行矣，吾何以自见于后世哉?"（《史记·孔子世家》）显然，孔子已经知道，他的道行不通了，所以要寻求一个留名后世的途径，那就是发愤著述。这说明他的人生态度有了根本的转变。

孔子在68～73岁时对中国的文化主要做了以下几件事情。

第一，孔子对自己最满意的文化建设项目就是《春秋》的编纂。他根据鲁国的史书编订了《春秋》，上起鲁隐公元年（公元前722年），下至鲁哀公十四年（公元前481年），共包括鲁国12个国君。

第二，孔子晚年最喜欢的文献是《周易》。孔子晚年喜欢钻研《周易》，他详细解释了《彖辞》、《系辞》、《卦》、《文言》等。孔子读《周易》刻苦勤奋，以致把串书简的牛皮绳子也磨断了三次。

第三，中国最早的诗歌总集《诗经》也是孔子编订的。古代留传下来的《诗》有3000多篇，到孔子时，他把重复的删掉了，选取其中合于义的用于礼义教化，最早的是追述殷始祖契、周始祖后稷，其次是叙述殷、周两代的兴盛，直到周幽王、周厉王的政治缺失，而开头则是叙述男女夫妇关系和感情的诗篇。所以，《关雎》这一乐章作为《国风》的第一篇，《鹿鸣》作为《小雅》的第一篇，《文王》作为《大雅》的第一篇，《清庙》作为《颂》的第一篇。305篇诗孔子都能演奏、歌唱，以求合于《韶》、《武》、《雅》、《颂》这些乐曲的音调。

第四，孔子对古代礼仪制度的整理，也是他文化建设的一部分。孔子的时代，周王朝衰微，礼崩乐坏，《诗经》、《尚书》也残缺不全了。孔子探究夏、商、西周三代的礼仪制度，编定了《书传》的篇次，上起唐尧、虞舜，下至秦穆公，依照事情的先后，加以整理编排。《书传》、《礼记》都是孔子编定的。

晚年孔子对文化典籍的整理，为中华文明留下了辉煌的财富。这也是孔子后来被尊奉为文化巨人、入选世界文化名人的最重要的理由。同时，他自身的言行和经历，也成了后世学人学习的榜样。

后世人丢失了孔子读书的精神，把个人价值的实现变成纯粹对名利的追求。《三字经》有这样几句教导人的话："若梁灏，八十二，对大廷，魁多士。彼既成，众称异，尔小生，宜立志。"讲的是，宋朝的梁灏在 82 岁时才考中状元，在金殿上对皇帝提出的问题对答如流，所有参加考试的人都不如他。这几句话就是要劝勉人，梁灏这么大年纪，尚能获得成功，年轻人就更应该树立远大志向。确实，这不能不使大家感到惊异，钦佩他的好学不倦，所以只要我们趁着年轻的时候立定志向，努力用功，就一定前途无量。但是，把读书与做官联系在一起，所带来的问题是：我不想做官，那就不用学习了；即使想做官，但是机会太渺茫，也就放弃了学习。这种过于狭隘的功利的读书目的，最终导致的是社会上更多的人不读书。像梁灏 82 岁还读书，可能是个官迷，并不是真爱书。这种人一旦当了官，书就束之高阁了。

我有一个感受，孔子的好学精神在西方学者身上体现得很充分。当然，不是西方人学孔圣人，而是人家自身具有正确的读书价值观。下面我举几个例子。

就在我写这一章的前一天，即 2011 年 2 月 9 日，我参加了斯坦福大学数学系举办的一场讲座，演讲者是哈佛大学教授、菲尔兹奖获得者丘成桐教授。他讲的内容精彩不精彩，我不能完全欣赏，不敢妄加评论。令我印象最深刻、最感动的是，在演讲将要开始时，一位 90 多岁的老太太坐着轮椅进来了，因年事已高，背都无法直起来，还坚持听完了一个多小时的报告。我们所见的追星族一般都是十几岁的年轻人，而且所追的都是歌星、影星，然而一个 90 多岁的追星族追学术明星的现象并不多见。

上面这位美国老人追星，并不是个别现象，在斯坦福大学的很多学术会议上都能见到类似的场景。2010 年的秋季这一学期，斯坦福大学的统计学系举办了一场活动，纪念科普作家 Martin Gardner。参加纪念活动的有大学生、研究生和教授，还有从附近社区来的七八十岁的老人和十几岁的中学

Martin Gardner（1914～2010年），是一位集数学家、诗人、小说家和科普作家等多重身份于一身的学者，斯坦福大学专门为他举办了纪念会。中国目前缺乏身份跨度这么大的作家或者学者。

生。大家都通过各自的成长过程来怀念这位作家对自己的影响。没有人组织，参加者完全是自愿自发的。我不知道自己是不是少见多怪，但很难想象国内某个高校举办任何一种学术活动，会有这样多的不同背景和年龄相差这么大的人自觉自愿去参加。

我有一个深刻的感受。在过去的10年里，我到过国内的60余所大学，作过100多场讲座，没有见到一个退休人员来听报告的。如果不是直接参加接待或者组织讲座，四五十岁以上的老师都很少有人来参加。读者可能质疑："石老师，是不是你讲得太差，所以才没有人来？"我敢说任何学术报告都是如此，即使请一个世界上最伟大的科学家来，也不一定能够吸引几个50岁以上的"老先生"。

我在斯坦福大学旁听的课中，有五门课的老师年龄都在70岁以上。其中讲信息论课的老师，手都发抖了，说话也不那么利索了，满头银丝，确切的年龄我无法知道，不过看上去离80岁不会太远。讲到这里，有一点需要说明一下，斯坦福大学的终身教授是真正的"终身"，只要自己不说退休，就可以一直干下去。也有不少教授选择在70岁左右退休，主要是为了把自己从教学任务中解放出来，有更多的时间做研究，特别是可以自由出国搞科研。这些学者在70岁以后，仍然活跃在各自领域的第一线，著书立说，还返回学校给研究生开课，把自己最新的研究成果讲给大家。系里有什么学术活动，他们仍然积极参与。

令我印象最深刻的是Donald Knuth教授的一句话。世界上从事计算机行业的人不会不知道他。他是斯坦福大学计算机系的元老，他的工作对计算机革命产生了巨大的影响，被誉为“算法分析之父”，得过包括图灵奖在内的几乎所有计算机行业的大奖。2011年他已经73岁了，刚刚出版了两本大部头的著作，一本是《编程技巧》，另一本是《趣味与游戏编程》。工程学院授予他“斯坦福英雄工程科学家”（the Stanford Engineering Hero）荣誉，并于2011年5月12日请他回来作一次讲座，他说：“写完这两本书，如同完成了一次心灵与时代的对话。”对学术的执著不够，对人生的感悟不深，是不可能说出这样的话的。Donald Knuth教授早就功成名就，有花不完的钱，有享受不尽的荣华富贵，但他还是孜孜不倦地在自己的学术领域耕耘着。

Donald Knuth教授还给了我们一个启发，在作严肃的研究之余，可以做些有趣轻松的东西。通常所说的“寓教于乐”，是针对学生的，“寓研于乐”，是针对学者的。在我国，不仅普通老百姓的读书兴趣早衰，那些高级知识分子学习研究的动机也过早枯竭。学者的研究兴趣丧失，与长期只做一种单一的、严肃的研究有关，这样就很难达到“乐之”的境界。在研究高深的计算机理论的同时，做些趣味游戏的编程，既调节了大脑，又娱乐了用户。在研究抽象的数学理论之余，写些科普小说，也有同样的效果。但是，从中国学者的精神面貌也能看出被单一而枯燥的研究折磨的无奈。

西方学者不仅善于从严肃到轻松的转换，而且也能把轻松的上升为严肃的。概率论就是从赌博中开始发展起来的。斯坦福大学数学系开设了两门课，一门是“围棋中的数学”，另一门是“打结的数学”。对此我非常有感触，像下围棋、打毛衣这种活动，我国远远比美国普及，而且水平也高，然而没有听说谁在研究这些活动中的数学问题，更不知谁会把这些活动搬到大学的数学课堂上来。把学术看得过于严肃，会带来两个负面的效果：一是体验不到作科学的乐趣，二是不容易从游乐活动中悟出科学道理。

再补充Donald Knuth教授讲座中的一个花絮。当时我坐在第一排，坐在我旁边的是一对老夫妻。老太太的牙都掉光了，似乎有点儿糊涂，在讲座过程中，她大声地吆喝："声音大一点儿！声音大一点儿！"他的先生小声劝他，让她赶快冷静下来。我想，讲者有扩音器，整个大厅的人都没提意见，老太太坐在第一排还听不清楚，很可能是自己的耳朵有问题了。这个小细节从侧面反映了一个国家普通老百姓的价值观和社会风尚，也说明了一个道理：这些高尖人才的背后存在着一个深厚的群众基础。这种现象也不难理解。美国没有麻将这种普遍的群众娱乐活动，这些人一辈子把精力都放在学术活动中，他们对自己的学术研究真正达到了孔子所说的"好之"、"乐之"的境界，就像很多中国人打麻将打上瘾或者赌博赌上瘾一样，他们的学术和生命已经融为一体，不可分割了。这样的学术队伍，能不出成果吗？这样的国家，能不出大师吗？

我也不想与全国千千万万个麻友为敌。但是如果能把打麻将的精神用来做任何一件正经事情，说不定就可以干出一番轰轰烈烈的事业。但是话又说回来了，社会上那些在家里待着没事的人，有空打打麻将，未尝不是一件好事，起码可以避免憋出毛病来。然而许多中小学和大学老师，还有一些行政机关的人员，都转入了打麻将这一大军，自己的本职工作却成了副业，白天工作应付了事，都等着晚上云雾缭绕，灯红将声。这种后果谁都明白，会妨碍大众科学文化素质的提高。

可以作一个对比。先看一个真实的例子。新加坡《联合早报》有这样一则报道，有一位身患绝症的老人，在去世的前一天，向家人提出一个愿望，希望家人能用轮椅推他到圣淘沙赌场按一下老虎机。孝顺的子女们满足了老人临终前的这一愿望。再讲一个虚构的例子。大兵和奇志合说的一个相声，讲一个老太太过世了，三个老太太给她吊孝，大家哭的是"以后打麻将就要三缺一了"。这虽然是虚构的，但是也反映了现实生活中普遍存在的现象。

且不说普通大众了，中国知识界的人，读书兴趣也早早就衰竭了。这里讲的读书，是扩大自己的知识面、提高自己的技能、在自己的领域中有所建树的学习行为，不是手里拿本印刷品就叫读书。为什么会出现这种现象呢？大体归纳起来，原因有以下几方面。

第一，目标有限。不少人读书，就是为了将来能生存，有个稳定的工作。一旦大学毕业找到了工作，就再也没有学习的动机了。留在大学或者科研机构的人，读书的生命会长一点儿，因为要评职称。但是，一旦评上了职称，特别是评上了教授、博士生导师，读书的兴趣就很难再有。这是学术界的普遍现象，很多人一生的主要成就就是在得到这些职称之前取得的，之后就不再出成果，热衷于一官半职，在社会上拉关系、跑课题，甚至吹吹拍拍。

第二，缺乏使命感。孔子的一生有两个使命，一是改变无道的社会，二是让自己青史留名。这是支撑他的精神支柱。当然，对于大多数人来说，不可能都有这么大的作为。但是，每个人都应该想一想，如何让人生过得更充实，更有意义，做不了大的事，总可以做些力所能及的事情。

第三，对保健的认识片面。中国人历来讲究养生保健，但是多强调的是物质方面的，注意营养，多走动走动，然而，相对忽视了大脑的保健。其实，大脑跟身体一样，长期不用它，各种功能就会衰退。我对比了中国和美国 70 岁以上的老人的脑力状况：在记忆力、思维的逻辑性、表述的流畅性和清晰性、观察的敏锐性诸方面，从整体上看，美国 70 岁以上的人群明显优于同年龄段的中国人。同是在中国，60 岁以上人群的脑力的分化就非常明显，那些经常读书、思考问题、写点儿东西的人，特别是仍在领导岗位者，整体精神面貌明显好于同龄人，甚至有人脑力一点儿不逊于年轻人。而那些退休以后就窝在家里，连报纸、电视都懒得看的人，很快就会出现这些症状：记忆力衰退，判断力下降，思维混乱，即使没有到老年痴呆那种程度，也显得暮气沉沉。

第四，世俗的影响。现在特别讲究物质上的享受，很少有人关注精神上的快乐。孔子一生经历很多波折，但是他是一个非常快乐的人，他的快乐来自对艺术的执著和对读书的投入。“知者不惑，仁者不忧，勇者不惧。”（《论语·子罕》）孔子如何能够做到“不惑”、“不忧”、“不惧”呢？可以从一件事情上看出问题的答案。孔子被困于陈、蔡期间，前往楚国应聘，这两个国家的大夫担心孔子到楚国做官，危及他们的利益，就派了一帮服劳役者把孔子一行围困在旷野中。孔子和他的弟子无法行动，粮食也断绝了，弟子们饿倒了，这时孔子不停地给大家讲学，朗诵诗歌，唱歌，弹琴。在孔子颠沛于诸侯国的途中，是读书和音乐给了他智慧，给了他勇气，给了他自信。

2009 年 2 月 27 日，温总理在与网友交流时提到：“我非常希望提倡全民读书。我愿意看到人们在坐地铁的时候能够手里拿上一本书，因为我一直认为，知识不仅给人力量，还给人安全，给人幸福。”这么多年来，我在北京坐地铁的次数也不算少，但是印象中从来没有见人捧书在读，这也折射出了整个社会的读书风气。温总理也说出了读书的三种意义，只有真正爱读书的人才能体验到这三点。

很多人都会说，平时忙得很，哪有时间读书？其实时间都是挤出来的。读书是一种习惯，一旦养成了这种习惯，你就会发现可利用的时间还是不少的。每个人每天都把大量的时间用于无谓的闲聊、无谓的等待、无谓的应酬、无谓的上网，这些时间都可用来读书。手里始终拿一本书，有空的时候掏出来翻几页，这样日积月累，时间久了就有效果了。

如果一个人忙得没时间读书，那一定是什么地方出错了。古今的哲人告诉人们这样一个道理：

> 你有困惑，有忧愁，那就去读书吧。
> 你需要勇气，想要强大，追求幸福，那就去读书吧。

最后，让我们以温总理在 2010 年 2 月 28 日与网友交谈时的话来结束本节：“一个不读书的人是没有前途的，一个不读书的民族也是没有前途的。”此话掷地有声，振聋发聩。

5

读书的意义是什么

比知名教授还要知名的“凤姐”经常有惊人之语，一次别人问她：平时读不读书？凤姐毫不犹豫地答道：读呀，经常看《知音》、《女友》。

这就引出一个问题：看《知音》、《女友》算不算读书？在回答这个问题之前，请思考一下自己读书的动机。

最常见也是每个人都必须经历的就是为考试而读书。从幼儿园到大学再到社会，绝大多数人读书的目的是为了准备升学、晋级的各种考试。为考试而读书，很难给人留下什么美好的回忆。这可以叫做“被读书”，而不是“好之”、“乐之”那种读书。

当今时代，印刷品的种类繁多，外加铺天盖地的电子书籍，可以满足人们的各种需求，实现人们各种各样的愿望，可以将其统称为“看印刷品”。这种行为又可细分为以下若干种。

第一类，为了猎奇、满足自己的好奇心而阅读。在古代，纸张很贵，印刷也不方便，而且都是诸如“四书五经”之类的正统典籍，只有那些追求功名利禄者才会读。那些街头巷尾的风言风语、东家长西家短之类的闲言碎语、风流韵事桃色事件，只有口耳相传。那时候的人要满足这种好奇心，必须跟别人交流，效率低，信息量也有限。

赵本山2011年春晚的小品《同桌的你》，一位男同学给他中学的一位女同学写了一封情书，到了关键地方就用“这里省略了78个字”之类的说法带过。第一类人的读书目的，注意力都在这被省略的地方，所以要去找全本来看。

有什么样的需求，就有什么样的市场。今天，为了满足人们各种好奇心的印刷品则铺天盖地。例如，一个人可以足不出户而尽知演艺界的八卦新闻。有两类作品市场最大：一类是武侠小说，一类是言情小说。一个人躺在沙发上，情绪可以驰骋在江湖中，心情随情节翻云覆雨而浮想联翩。读这类作品与看《射雕英雄传》、《还珠格格》之类的电视剧差不多，属于娱乐性的，顶多只能算是“看印刷品”，不算是为增加知识技能而读书。所以，凤姐看《女友》、《知音》，充其量也只能说是为了娱乐、猎奇而翻杂志。

第二类，为了健康的生活而阅读。温饱问题解决了，人们就在思考如何才能过得更好一点儿。那么，摆在议事日程上的已不再是一日三餐的问题了，人们开始关心如何才能保持健康，如何才能吃得好、住得舒适，如何欣赏艺术，有什么好玩儿的地方，如何玩儿才能开心，如何养狗养猫等。这一类的书籍也是现在最受欢迎的，看这种书籍，可以叫“为活得更好而阅读”。

第三类，为了扩大自己的知识面而阅读。中国人是非常看重知识的，所以特别强调博闻强记。无知被认为是一种丢人的事，相反，一个人知识面广，被认为有学问，有修养，会得到人们的尊重。人生苦短，人们所能直接经历的事情是非常有限的，古人不在，远处的见不到，然而书本可以弥补这个缺憾。那些有求知欲者就通过读书满足自己的愿望。

知识性阅读也是有档次之分的。第一种是死面馒头那种，进去多大的面团，蒸出来还是多大的面团；第二种是发面馒头那种，放进去的是一小坨面，蒸出来的是大大的鲜亮的馒头。孔子给出的达到第二种境界的办法就是“举一反三”。

第四类，为了提高自己的能力而阅读。一个不读书的人是没有前途的，主要是说，不读书就无法提高能力，就无法在事业上取得成功。一个人要与别人打交道，情商高不高，社交能力如何，很影响一个人的前程。与人打交道，首先得把话说好，如何把话说好，也是一门学问。现象是复杂的、扑朔迷离的，如何提高自己的判断力、是非甄别能力、逻辑思维水准，不仅关乎一个人的智商，而且也影响一个人是否能够采取正确的决策，面对生活的挑战，从而走向成功。

孔子虽然主张读书，但是他也不赞成死记硬背，认为这是无用的。孔子对自己的独子孔鲤就有点儿“残忍”了，见面不问别的，劈头就问：学《诗经》了吗？不学就不能把话说好。特别值得我们注意的是，孔子主张学习要有一个目的，学习《诗经》就是要把话说好，这个“话”并不是咱们日常的对话。在另外一个场合，孔子把读书的目的说得很明白：你即使把整部《诗经》都背下来了，让你出使外国，不能“专对”，引经据典，那有什么用呀！读书也就是为了将来当大官，为国家服务。孔子要求在不同目的的主导下读不同的书。

第五类，为名留青史、为科学文化做出贡献而读书。仍以孔子为例。中国有句歇后语：孔子搬家——尽是输（书）。其中也透露出后世人对孔子的理解，孔子家里除了书没有别的。我们现在能够看到的早期的文化典籍，大都因孔子的整理编纂而传承，最主要的就是六部经典：《诗经》、《尚书》、《礼记》、《乐经》、《周易》、《春秋》。这些都是孔子在生命的最后五年做出来的。孔子对书的喜爱程度，可以从《史记·孔子世家》的一则细节上看出来。那时候的书都写在一根根竹简上，竹简之间用一根牛皮绳子串连起来。孔子晚年特别喜欢《周易》，以至于把系竹简的牛皮绳子都磨断了三次。

“读书破万卷，下笔如有神。”如果把这里的“破”理解成“弄破”，那么你除非用斧头砍、石头砸。在正常的阅读过程中用手去磨损，“破”一卷两卷就不容易了，像孔子也不过是“破”了一卷《周易》而已，就成为古今第一文化巨人了。

不管你学哪一个专业，选一两本本专业的经典性文献，把它读“破”了——是真的“破”了，书皮碎了，纸张损了，你就一定不是以前的你了，即使还没到“你都认不出来你是谁”的地步。

孔子在 68 岁那年，结束了 14 年颠沛流离的日子，回到了鲁国。如果是现在，早过了退休年龄，绝大部分的人都在考虑如何修身养性，多享受一些。然而孔子的著论之说才真正开始。这背后的强大动力就是“君子病没世而名不称焉”（《史记·孔子世家》），他也认识到自己的政治主张不为当政者接受，那么他就选择了：不能造福现在，就去造福未来；不能扬名当时，就去名留青史。现在很多人把退休以后的人比喻成“夕阳红”，提倡以“余热”来惠及社会。孔子的人生告诉我们，70 岁左右的人生可以如日中天，不仅可以照亮当时，还可以温暖历史，今天有谁感受不到孔子的温度？

本来孔子回到鲁国后，是可以摆摆老资格，当个顾问或者资政的，可是他没有这样做，因为他对人生的意义有了新的理解。这期间，鲁哀公和季康子，鲁国的一二把手，经常向孔子请教政治问题，如老百姓不服气我怎么办，盗贼太多如何应对。孔子大概是中国历史上最早的顾问。孔子把话说得很明白，政治只能惠及一时一地，文化建设才能惠及千秋万代。也就是说，以前你们不给我官做，现在留给我的时间不多了，我要做一些更有意义的事情。后世人都知道孔子一生都想当官，都在求官，然而在生命的最后五年，孔子则志存高远，所以才成了一个文化伟人。

前四种类型的读书，都免不了“尔曹身与名俱灭”，当自己的肉体离开这个世界时，也带走了自己的一切。因此，绝大多数的人都是来也匆匆，去也匆匆，就这样无声无息。然而孔子实现了另一种人生，司马迁也做到了，还有许许多多先贤也做到了。

“好男儿名留青史”，这是圣人留给我们的精神文化遗产。要做到这一点，最有效的办法就是知识文化的创新，著书立说，把自己的精神财富留给后人。读书有三重境界，一是自我完善，二是传承典籍，三是知识创新。孔子的一生完美实现了这三种境界。

6

学习风气的历史一瞥

谈中国的教育，不能不谈孔子，因为他是我国第一所学校的创办者，他的教育思想一直影响到今天。

孔子有弟子三千，贤人七十二。孔子自己最引以为自豪的是自己的好学精神，而且认为道德修养必须通过学习才能提高。那么，他对自己的学生满意吗？对当时的社会风气有什么样的看法呢？

《论语》的开篇就是“学而时习之，不亦说乎”。这可能是孔子招徕学生的语言，因为那时候很多人还不知道学习是什么，特别是不知道一个人为什么要学习。即使在内部，真实的情况也是孔子自己“说”（高兴），而没有几个学生能与他同乐，可能也没有几个学生愿意与他同乐。在孔子心目中，能与他一起体验学习快乐的大概只有颜回一个人。所以孔子就像唱咏叹调那样夸奖颜回：“贤哉，回也！一箪食，一瓢饮，在陋巷。人不堪其忧，回也不改其乐。贤哉，回也！”（《论语·雍也》）

关于学习的重要性、学习的方法，《论语》中反复提到，但几乎都是孔子一个人在那里自言自语。孔子学院采用的是问答式教育，上课不分年级，也不管内容深浅，学生问什么，老师答什么；学生怎么问，老师就怎么答；当然，学生不问，老师也不答。有问政的、问仁的、问德的、问君子的、问士的，还有人问什么样的女性最美、什么是羞耻等，五花八门，完全是开放的，似乎什么都有人问。

然而，令人非常吃惊的是，孔子这个最好学的老师，留给一个民族最好学的基因，可是在他自己开办的学校里，却没有一个学生问学，没有一个学生向老师求教如何才能读好书，该读什么样的书。

孔子虽然自己最爱读书，十分投入，以致“发愤忘食，乐以忘忧”，读书已经成为他生命中不可或缺的一部分，然而孔子学院的学生，却没有几个是为增加知识而读书，为探求真理而读书。大家都很现实，绝大部分都是带着一种功利的目的来读书的，学成以后到社会上谋一个好职位。

孔子学院的学生最关心的是什么？这可以从他们问的问题上清楚地反映出来。一部《论语》到处都是“问这问那”，但是最多的是“问政”。大家大老远来读书，背井离乡，还要交学费，图的就是毕业以后可以做官。孔子学院实际上是一所政法大学，是为政界输送人才的地方。读书是手段，做官才是目的。

“文化大革命”时期批孔子，其中一条安在孔子身上的罪状是他主张“万般皆下品，惟有读书高”。但是，真实情况却是“万般皆下品，惟有做官高”。当然，这是就孔子学院的整体校风而言的，不排除有例外，颜回可能就是例外之一，一直在学校，在社会上没有任何业绩。

官本位的思想，起码在孔子学院已经很盛行。这一思想成为儒家的文化基因，深深地影响了中国两千年的教育，一直影响至今，也成为普通人对读书价值的判断标准。这里说说我个人的经历。我是我们石岭村有史以来的第一位大学生，当时整个大家族都对我期望很高，他们觉得我日后学成会进入官场，给他们排忧解难，为家族争取利益。我大学毕业后继续努力，后来不仅在国内读了硕士，还到美国读了博士，而且还在新加坡国立大学谋到了终身教职。我为自己在学业上达到的境界感到欣慰。我们村除了清朝出了一个姓石的进士外，另一个读书人应该就是我了。按照读书的多少、对知识的贡献大小来比较，我应该比那个进士强多了，但是因为我选择了教书作研究这条道路，令家族的人很失望。他们替我惋惜，认为我没有去从政，也没有做官，不能显赫家族，就好像一个人种地没有收获一样，白费力气了。

古人读书的目的是什么？我们石岭村这个唯一的石进士，他的奋斗历程可能很有代表性，很能说明古今读书人追求的是什么。这位石进士 30 岁时还是一个庄稼汉，牛车上放一本书，有时间就看。他喜欢知识吗？不一定。他期待着书能够改变他的命运，不再“锄禾日当午”，不再“汗滴禾下土”，盘中的餐，招之即来，挥之即去。这样，他一朝金榜题名，也就是跟书说“再见”了。他考上进士以后，不久就被朝廷派到陕西做了几年知县。俗话说“三年清知县，十万雪花银”，应当说一点儿不假。据长辈们讲，石进士任满衣锦还乡时，金银财宝、绫罗绸缎，不知有多少，运载这些财富的骆驼队就有二三十里那么长。可怜他任知县的那个陕西穷地方的老百姓，还不知道有没有活下去的东西？石进士回到家乡就大兴土木，我小的时候记得，村里体面一点儿的房子都是石进士家的。村庄附近最壮观的陵墓，就是石进士他父亲的和石进士自己的。

在中国的文化里，一个人有了钱，首先是大兴土木供自己生前用，其次是修建豪华陵墓使自己身后显耀。石进士就是古代千千万万个读书人的缩影，读书只是块敲门砖，目的是升官发财，衣锦还乡，光宗耀祖。

这并不是孔子所提倡的读书目的。他的弟子太过现实，似乎读书就为吃得好一点，住得好一点，孔子对此可能很不满。不仅是现在的大学生，在两千多年前，中国的读书人就大都是很现实的，这是一种文化传统，缺乏西方先哲诸如柏拉图、亚里士多德的求知求真精神。

从《论语》中透露出来的讯息可以看出，孔子对自己的弟子们的读书态度是不太满意的。孔子往往不直接批评人，而是通过表扬别人的办法，间接批评人。一次鲁哀公问孔子：“弟子孰为好学？”孔子的回答是：“有颜回者好学，不迁怒，不贰过。不幸短命死矣！今也则亡，未闻好学者也。”（《论语·雍也》）颜回这个唯一好学的徒弟死了，像孔子这么博闻的人，不要说看见，连听都没有听说过还有好学的人。这可打击了一大片，孔子的学生如果心灵脆弱一点儿、敏感一点儿，不知道心里是什么滋味！所以，孔子那么慷慨地夸奖颜回，透露着他不满其他弟子的学习态度。

通过夸人来批评人，这一招是古今有领袖才能者的一贯伎俩，羞辱活着的人的最好办法，就是夸奖死去的人。曹操兵败赤壁，带去的八十万大军，逃回南郡时就剩几十个人了。在曹仁为他压惊的酒宴上，曹操突然放声大哭："惜哉奉孝！痛哉奉孝！若奉孝在，决不使吾有此大失也！"奉孝就是曹操早年的杰出谋士郭嘉，不幸英年早逝。其他谋士大将听到这些，都羞愧难当，低头不语。

为什么说这一招很高明？夸一个，批评羞辱一大片，这种办法不仅效率最高，而且安定团结的大局还能保持下去。你想，孔子见了子路，批评他不好学，见了樊迟又说一遍，对冉有也是同样的话，三千弟子，那得花多大工夫费多少口舌呀！而且遇到脾气像子路那样火爆的，还不服气，跟老师拌嘴，还会伤了孔子学院的和谐气氛。夸奖了别人，被间接批评的人多是沉默不语，反思自己，有的还会直接找自己与先进模范之间的差距，努力赶上。

孔子所提倡的读书的真正内涵主要有两部分：一是提高个人的品德修养，二是更好地为国家服务。这些大部分都早已失传了。后人学到的只是些读书的形式，蜕化成仅仅是为了功名利禄而读书。

中国历史上始终没有形成为求真而学习、为快乐而学习的风尚，这对科学技术的发展产生了相当消极的影响。而在西方，如毕达哥拉斯学派，相信世界是由整数构成的，他召集一群弟子，尝试证明自己的理论是正确的。这种超然物外的非功利学习，为了追求真理而走到一起，相互切磋，这对科学的发展至关重要，因为现代科学技术的发展当初都是建立在没有任何功利目的的求真动机基础之上的。

正因为我们的历史上一直缺乏这种求真的学习精神，所以没有形成真正意义上的探求真理的学术思潮，自然也就没有对科学技术的自觉追求。因此，准确地说，中国传统与现代科学技术不是擦肩而过，压根儿就是两条道上的车，跑的不是一条路！也就是说，按照传统文化的发展方向，中国不会走上现代科学的康庄大道。

7

圣人和凡人之间的差别

如果在中国历史上选一个对人类影响最大的人物，没有第二个答案，那就是孔子。

对于外国人来说，孔子是中国的文化符号，曾被列为影响人类最伟大的思想家之首。对我们中国人来说，他是圣人，万世师表，伟大的教育家、思想家、历史学家，是自生民以来最伟大的人物。除此之外，还可以列一大串极光荣的称号。

这些光环都是后人加上去的，孔子生前一个都没有享有过。那么，孔子生前觉得自己与别人最不一样的地方在哪儿？两个字：好学。

子曰："十室之邑，必有忠信如丘者焉，不如丘之好学也。"（《论语·公冶长》）

对人忠诚，讲究信用，已经是难能可贵了，这种人在现实生活中也算稀有的了，但是“十室”大小的村庄，还可以碰得见个把人。然而像孔子这样喜欢读书学习的人，在小范围的人群里是找不到的，所以他自豪。

今天，每一个人都可以环视一下自己周围的人，当然也别忘了审视一下自己，看有没有这样一个人，一有空就啃书本，而且这个人读书不是为了升学，也不是为了晋升，而是为了个人的快乐，为了个人的幸福，是发自内心的乐此不疲？我推测，最后的统计数字，恐怕不会令人乐观。

孔子说过：“人不知而不愠，不亦君子乎？”（《论语·学而》）但是千万不要误以为，孔子不在乎别人是否理解自己，他也是常人，也有“理解万岁”的愉悦。孔子只是说，别人不知道你的长处也不要生气而已，别骂别人是“瞎子”。事实上，孔子是不愿意浪费任何一个可以让别人了解自己的机会的。

当时社会有很多人对孔子好奇。这也很正常，因为孔子在当时就是一个社会名人，但是在那个既没有广播电视又没有互联网的时代，外加上“狗仔队”的职业还没有兴起，真正了解他的人是不多的。《论语·述而》有这样一则记载，孔子一行在陈、蔡期间，有一个叫叶公的人向孔子的大弟子子路打听：你们的老师到底是一个什么样的人？子路竟然拒绝回答。“子路不对”，这也太意外了！

我推测，子路的意外表现可能出于多种原因。

第一，子路误会了老师那句话，以为“人不知而不愠”是老师不在乎别人怎么看他，甚至误认为“有人不了解你方能显示君子本色”。子路的语文水平不会太好。根据《史记》记载，子路已经接近成年了，还是无知青年，在集市上游逛，脖子上挂着用野猪牙做的项链，头上戴着公鸡毛做的饰品，大概属于现在西方流行的“嬉皮士”。见了孔子这种大学问家，不仅没有礼貌，还想捉弄一下老夫子。后来孔子把他收在了门下，子路算是浪子回头，无奈功底太差，一直提不起学习兴趣，对学习的重要性认识也很不够。

第二，子路对自己没信心，怕说错了话，影响老师的形象。而且他也知道自己本来就不受老师喜爱，别再惹老师生气。

第三，为长者讳，子路觉得在外人面前议论自己的老师，不论好歹，都是对老师不大尊敬。

子路没有做过一件令老师满意的事，这次也不例外。孔子听说后，嘴上

孔子，对人类影响最大的中国思想家。孔子思想的影响主要在伦理道德方面，我国在科学技术方面尚缺乏牛顿、达尔文、爱因斯坦这样的人物。中国世界级的思想家都是先秦时期的，为什么？

埋怨道：你怎么不说，他这个人呀，“发愤忘食，乐以忘忧，不知老之将至云尔”（《论语·述而》）。这就是孔子所说的“好学”，不仅要勤奋，而且要投入。这就是读书的第一层境界，那些学生，十一点就惦记着今天食堂有什么，上午的最后一堂课就心不在焉，一下课就往食堂冲。在孔子看来，这都不算是好学，顶多是把学习作为一种任务。

读书的最高境界，就是乐在其中，拥有强烈的审美体验，一切生活的烦恼就没有了。读书的最高境界就是，不再带任何功利目的，读书成为生命中必不可少的部分。通常说，“少壮不努力，老大徒伤悲”，少年努力读书是为了“老大”时有个着落，为未来的生计着想。然而老的时候还“忘年”地学习，那境界可不知有多高，说深了就是为整个民族着想了。孔子一生最华美的乐章，是他生命的最后五年，即从 68 岁回到鲁国到 73 岁去世，所谓的“六艺”（《诗》、《书》、《礼》、《易》、《乐》、《春秋》）都是在这一期间编纂整理而成的。

孔子把读书分为三层境界，与上面所谈有相通之处，但是又不完全相同。读者自己也可以比照一下，给自己定定位。这就是“知之者不如好之者，好之者不如乐之者”（《论语·雍也》）。第一层境界就是求得些知识，学些技能；第二层境界就是把读书作为一种爱好，天天都惦记着这件事，“一日不见，如三秋兮”；第三层境界则是读出了乐趣，每天幸福指数的浮动与读多少书挂钩。

概括地说，读书三境界是求知、爱好与幸福。

孔子好学到了不近人情的地步。虽然天下父母都希望自己的孩子成龙成凤，但是总还是爱见自己的孩子，喜欢逗他们乐一乐。根据《论语·季氏》记载，陈亢很好奇地问孔家的“独苗”孔鲤：“你从你老爸那里得到什么特殊的教育了吗？”用现在的话说，就是“吃过小灶吗”。

孔鲤讲了两件事情。一次看到孔子在院子里站着沉思，他赶快小碎步想从院子里走过去，孔子发话说：“站住！读《诗经》了吗？”孔鲤答：“还没有。”“不读《诗经》，怎么把话说好？”孔鲤就乖乖回屋里开始念“关关雎鸠”了。同样的情境又出现了一次，孔鲤又是想小碎步躲开，孔子劈头一句：“站住。学《礼》了吗？”孔鲤：“还没呢。”“那怎么能够待人接物？”孔鲤又赶快回去学《礼》。

孔子见儿子，两次的话题不同，但是中心只有一个：读书学习。

在孔鲤的记忆里，就这些了。我很同情孔鲤，不知他的童年有多少乐趣。这时的孔鲤显然还没有进入孔子所倡导的第二层境界，还没有把读书变成爱好，因为每次都是用“没有”回答孔子。

在读书的重要性方面，孔子认为怎么强调都不过头，可是子路却对此认识不够，一次师徒二人还为此顶上了嘴。起因是这样的，费城出现了一个不错的官职空缺——邑宰，就是县里的总管。子路在社会上人缘好，信息灵通，得知这个消息，马上派自己的师弟子羔去。孔子却很不高兴：“你这不是误人子弟吗？”（《论语·先进》）子路却颇不以为然：“有人民，有国家。难道只有读书才叫学习吗？”子路说的也不无道理。然而在孔子看来，学习就是读书，读书才叫学习，但又说服不了子路，嘴里嘟囔道：“我就讨厌花言巧语的人。”

在孔子学院中，对于学习重要性的认识，子路的觉悟是最低的。别的学生觉悟低，自己不仅不说，还要掖掖藏藏，因此老师不知道，然而子路则是毫不掩饰地表现在自己的言行中。孔子觉得有必要提高一下子路的思想觉悟，一天问子路：“阿由呀，你听说过六种弊病吗？”“不知道。”“坐下来，我跟你好好谈谈。”孔子说：

好仁不好学，其蔽也愚；好知不好学，其蔽也荡；好信不好学，其蔽也贼；好直不好学，其蔽也绞；好勇不好学，其蔽也乱；好刚不好学，其蔽也狂。（《孔子·阳货》）

很明显，在孔子看来，学习不仅是增加知识这么简单的一件事，更是关乎道德修养的一件大事，即使一个人天生的素质再好，不学习也会带来各种各样的问题。孔子对学习的这种认识，可以说是超时代的，放在今天也非常适用。

爱好不爱好读书，是孔子喜欢不喜欢某个学生的主要标准。孔子逢人便夸颜回，一天到晚“贤哉，回也”挂在嘴上，为什么？就是因为他好学。住在穷巷子里，家里就剩下一竹篮子的粮食，一个舀水的瓢，这换成谁谁也受不了，但是“回也不改其乐”。颜回他乐什么？读书。这就是孔子所说的读书的第三层境界——“乐之”。没有无缘无故的爱，也没有无缘无故的恨。孔子不喜欢子路也有充分的道理，子路的学习态度太不端正了，与颜回的差距不是一点儿。

喜欢读书，恐怕是古今中外、各行各业成功人士的共同点。前不久我到斯坦福大学书店闲逛，看到一本儿童彩色读物，是介绍林肯的，一共十几页，其中一页就说林肯手不离书，总是拿着一本数学、物理或者语法之类的书籍。随便想一下，在中国历史上，名人爱书的典故就可以搜一箩筐。印象很深刻的一件事就是曹操和袁绍之间那场官渡之战，双方将帅都不忘把自己的书房搬到前线指挥所。能在生死关头还不忘读书，那就不是个一般人。

司马迁毫不客气地批评项羽，不读书，一味野蛮杀戮，自然也不知道如何总结成败经验，最后的“霸王别姬”是合情合理的结局。他的对手刘邦，虽然也不读书，但是身边有张良、萧何这些读书人，刘邦对他们信任，言听计从，结果笑到了最后。自己不读书，身边又没有读书的人，是一件非常可怕的事。

好学，是孔子留给我们这个民族最重要的文化基因，影响着每一个华夏儿女。父母督促完儿子、女儿上学读书，接着就是督促孙子、孙女上学读书。爷爷奶奶的挂念，爸爸妈妈的担心，除了学习，还是学习。今天的华人，不论身在何处，也许他们已经不会说汉语了，但重视学习的传统始终没有变。

现在移居美国的华人很多。华人子弟多的学校，白人就很犹豫要不要送自己的孩子去就读，因为华人的孩子太用功了，把学校的各种好机会都占了。最近很轰动的“虎妈”，也就是耶鲁大学法学院的一位华裔母亲，严厉教育女儿，不完成练琴任务，不完成作业，就不能喝水吃饭，连上厕所也不允许。这件事情在美国很轰动，引起各大媒体的热议。

最近一二十年，我没少坐飞机。东西方机场的共同点都是人等飞机，因为有很多手续要办，还要安检，一般人都要提前几十分钟到。遇到天气或者其他原因，一等就是几个小时。那么如何打发这些时间，东西方人则有明显的差别。

在美国的机场，我留意了一下，绝大部分人随身都带着书，大部分都在静静地看书。看看我们的机场，不能说一个读书人也没有，但起码是很难见到。如果外出旅行时能在随身行李中放一本书，是一种与众不同的好修养，一种值得称赞的好习惯。相反，在中国的机场，常会看到这样的景观，几个人打扑克打发时间。虽然扑克是西方发明的，但是美国的机场从来没有这种事情。

我出门有个习惯，包里至少装两本书，一本是文学历史方面的，一本是自然科学方面的。通常是交叉着看，一本书看累了，就看另一本。效果不错。一次出差坐火车，我带了一本儿童读物版的《论语》，因为字体大，还有拼音，免得遇到不认识的字再查字典。旁边一位七八岁的小姑娘看见说：“叔叔，叔叔，你的书能不能让我看看？”我抬头看到的却是小姑娘的母亲鄙夷的目光，那意思是说：多么可怜的一位辍学青年！

不少人抱怨没时间读书，其实出门在外，有很多读书的时间。消磨时间的办法，除了打扑克、海聊、嗑瓜子，还可以读读书。有了书伴随，再长的旅途都不会觉得长。不信你试一试。

孔子周游列国 14 年，但这并不是完全出于他的自愿，一定程度上是子路怂恿的结果。这与子路的性格特点不无关系，司马迁就用“喜从游”三个字概括子路。

子路“喜从游”的这种性格，可能是促成孔子颠沛流离 14 年的直接原因，起码是原因之一。我在《非常师生》[①] 一书中讲到，古今对孔子的最大误解是，孔子的政治理念不合时宜，所以到处碰壁，周游列国，颠沛流离，累累若丧家之犬。然而真实的情况是，孔子是一个具有突出政绩的杰出政治家。孔子51岁做中都宰，一年就成绩斐然，四方官员都来考察学习。第二年就由地方调到中央，又连跳两级，由司空升为大司寇，并兼摄相位。孔子掌管大局下的鲁国，不到三个月，全国精神面貌焕然一新，朝着物质文明强盛的方向发展。这下可惊动了老邻居齐国，上上下下都坐不住了，齐景公召开议事堂，让大家献计献策。有人提议“用土地换和平”，给鲁国一些土地，让他们罢免孔子。这时一个叫黎鉏的站起来：“且慢！我出一个成本最低的计策，不行再送土地不迟。”最后，齐国采纳了黎鉏的计策，送给鲁国80位花容月貌、穿着华美、能歌善舞的女子。第一个自愿“中计”的是鲁国的第二把手季桓子。季桓子自己觉得这样单干也不安全，就又拉国君鲁定公下水（《史记·孔子世家》）。

岔开一下。看最近几个月的新闻报道，连续几个重判的，都是各个地方的第二把手。看来这种“第二把手”现象古已有之，我们的司法机构做到了稳、准、狠。

季桓子这一腐败，气走了孔子，使得鲁国的改革事业中途夭折，鲁国也失去了一次宝贵的强盛的机会。结果，鲁国被齐国吞并了。

季桓子和鲁定公这两人，整天游手好闲，不上班了（往观终日，怠于政事《史记·孔子世家》）。这比唐玄宗还过，唐玄宗也不过是上班晚一点，经常迟到，“从此君王不早朝”。

大家都知道孔子因这件事而出走，开始了14年颠沛流离、周游列国的生活。但是，后人都忽略了一个细节，这并不是完全出于孔子的自愿。《史记·孔子世家》记载得清清楚楚，在这种情况下，子路首先提出：“夫子可以行矣!”即使子路这样提议，孔子还是犹豫，说再等一等，现在鲁国正在郊外祭祀，看他们能不能按照往年的礼仪，把祭祀的肉分给大臣们。结果，那哥俩挪用公款，大臣们只落得个两手空空。孔子一气之下，就跟子路他们上路了。

---

① 石毓智：《非常师生》，商务印书馆，2010年。

如果没有子路的怂恿，孔子会不会出走呢？我觉得两种可能都有。孔子这时已经是鲁国的第三把手了。虽然是“全国第三”，而实际上是实权派。因为，前两名都忙于淫乐，哪还对权力感兴趣呢？他们恨不得说，仲尼老兄，你想管你都管去吧！后来也证实，这也是孔子政治生涯的巅峰时期，也是实现自己政治理念的最佳机会。孔子怎么会说放弃就放弃了呢？他犹豫是否出走，完全可以理解。

那么，为什么子路会怂恿孔子出走呢？如果心里阳光一点儿，我们可以作这样的推测：子路痛恨季桓子这帮人的腐败，以自己的双脚代替双手，给季桓子他们投出一张反对票。同时也担心老师能不能始终洁身自好，以出走来避免老师的节操不保。

如果心里阴暗一点儿，我们可以作另外一种推测：子路长期以来，一直在老师的身边，一直在鲁国这个小地方，特别是一直憋在孔子学院里，已经压抑得太久太久。对于子路来说，年龄大、上学晚是一个原因，天生不是读书这块料也许是另外一个原因。根据史书记载，子路每次回答问题都是抢第一个，但是每次的成绩都是倒数第一。一部短短的《论语》，孔子揶揄子路的话到处都是。子路也不能说不努力。音乐是孔子学院的素质教育课之一，有次子路在孔子的门口练瑟，孔子就说：“阿由这种弹瑟水准，怎么还拿到我门前来练?”其他学生由此就对子路不那么尊重了（《论语·先进》）。子路最不能忍受的是，孔子总在他面前夸颜回，师徒二人为此还拌过嘴，准确地说是恶吵了一顿。孔子烦子路那可是烦到了家，连别人提一下子路的名字都不行。有一次季子然向孔子打听：“子路、冉有算不算是大臣?”孔子则毫不掩饰自己的情绪：“你怎么会问这两个人？我还以为你问别人呢？他们两个顶多就是办点儿具体事情的小官员。”（《论语·先进》）

子路从来都没有服气过。他肯定清楚，自己的长处不是在孔子学院这个小地方，是骡子是马，拉出去遛遛就知道了。子路这一招果然奏效。在周游列国的路上，子路的戏份是最多的，问个路，打个前哨，给老师护驾，全是子路的活儿。特别是，子路在社会上还特有人气，那些讽刺、挖苦孔子的隐士们，都想拉子路去游山玩水。当然，子路“喜好游”的心理也得到了最大程度的满足。再看看被孔子夸成一朵花的颜回，离开学校则彻底没戏，有时候还甚至掉队。在周游列国的 14 年中，基本就没有颜回的戏份。

如果没有子路的竭力怂恿，孔子也许不会有14年颠沛流离周游列国的日子。子路也许不是不好读书，但起码是对读书的重要性认识不够，也不善于读书，在学校里受老师挤对，被同学看不起。子路“喜从游”，关键是他认为“民人”和“社稷”也是学习的重要途径，这也许是他鼓动老师离开鲁国的一个潜在因素吧。子路鼓动孔子做出离开鲁国这一重大决策，对造就中华民族这位圣人是至关重要的，让孔子从单纯的书本走向了读书与社会实践相结合的道路，使得孔子发展出了深刻、丰富、系统的思想。这件事情也给今人以重要的启发，即单纯从书本到书本的学习，是不会有大作为的，一个大学者通常是“功夫在书外”的。

不仅仅是中华民族的圣人，综观古今成功人士，他们都有一个共同点，就是把读书作为一种爱好和乐趣。伟人与常人的区别也在这一点。

8

从校训看东西方教育目标的差异

校训是什么？是一个学校培养的理想人才的素质，是教育的终极目标。东西方大学在这方面存在着重大的差异。钱老曾经感慨道：为什么当代中国培养不出大师呢？答案之一就是我们的高等教育目标本来就不是培养大师的。

中国的很多高校都有这类口号，希望苦干若干年后成为世界一流大学。那么，什么叫一流大学，或者说判别一流大学的标准是什么？在我看来，主要有以下两个方面。

第一，有没有影响人类生活的科研成果。例如，斯坦福大学就是如此，它的计算机系一直雄踞美国各高校之首，对人们生活影响最深刻的技术，如互联网、搜索引擎的理念和技术，都是首创于这里，世界销量第一的 HP 计算机是斯坦福大学的两个毕业生创建的品牌，以斯坦福大学为中枢神经的硅谷是世界计算机技术的心脏。

第二，有没有影响世界的科学家、思想家。例如，斯坦福大学的很多学科都有一批在各自领域独领风骚的人物，从诺贝尔奖获得者的人数来看，斯坦福大学就有 18 个，这比俄罗斯、日本这些科学技术发达的国家获该奖人数的总和还多。

要评判一所大学的质量，很多软指标不好把握，就以诺贝尔奖获得者的多少来给世界著名大学排名，也有各种各样的算法。有些大学把在本校读过大学或研究生、曾经有过访学、工作经历的获奖者都算作在内，结果每个大学都有众多诺贝尔奖获得者，因为对于同一个获奖者，各个学校重复计算。下面我用一个简单的计算标准：当诺贝尔奖获得者公布时，该获奖者在哪个大学工作，就属于哪个大学。结果如下：

一、哈佛大学	35 位
二、斯坦福大学	18 位
三、加州理工学院	17 位
四、加利福尼亚大学伯克利分校	16 位
五、哥伦比亚大学	16 位
六、麻省理工学院	16 位
七、剑桥大学	16 位
八、芝加哥大学	15 位
九、普林斯顿大学	11 位
十、洛克菲勒大学	10 位

这些大学为何能够取得如此骄人的科学成就？看看这些大学的校训，就知道它们何以能够培养出这么多的人才。

求真，追求真理，是西方教育的终极目标。哈佛大学的校训就是“追求真理”，这个“真理”既包括人类社会的，也包括自然界的。诺贝尔奖几乎都是授予在各个领域有新发现的人。

要求真，就必须独立地思考，不受权威左右，不受政治影响，不拘一格去探索。科学研究的天敌要么是被别人束缚，要么是自己束缚自己。斯坦福大学的校训就是：“让自由之风吹吧！”自由是追求真理的条件，真理是自由追求的目标。一提起“自由”，我们很多人都很敏感，容易联想到政治上。事实上，这里所说的“自由”远不限于此，而是指科学探索的思维活动。思路打不开，自由不起来，常常是自己约束自己，受自己的教育背景、知识结构、文化传统或者思维定势的制约。

求真也罢，自由也罢，最终落脚点还是个人的智慧。在同样的条件下，为何不同人的成就不一样？就在于个人智慧的开发程度不同。所以加利福尼亚大学的校训就是："让你的智慧点亮这里！"不论是个人、学校，还是一个国家，如果每个人的智慧都得到充分的开发，就会有活力，就会有创造力，个人就会成功，学校就会发展，国家就会强盛。

人都想过得好一点儿，舒坦一点儿，称心如意一些，都期待心想事成、事遂人愿。愿意下定决心做苦行僧去探求真理的毕竟是少数人。那么，就会有人问："既然那么苦，为什么要去追求真理！"答案就是加州理工学院的校训："真理可以使人自由。"真理可以让更多的人进入自由的王国。

再好的理论，再伟大的思想，要造福人类，就必须落实在生产技术上。这就不仅要求有人会动脑去发现，还要求更多的人会动手，能把理论变成技术、转换成产品。这就是麻省理工学院的校训："既要学会动脑，又要学会动手。"

上述几所著名大学的校训，组合到一起就是科学教育的蓝图。

比较的结果是惊人的。看看中国几所名列前茅的大学的校训，就知道我们的教育目标与西方是多么不同！

清华大学	自强不息，厚德载物
北京大学	爱国、进步、民主、科学
北京师范大学	学为人师，行为世范
浙江大学	求是　创新
复旦大学	博学而笃志，切问而近思
武汉大学	自强、弘毅、求是、拓新

我考察了排名前100位的中国大学的校训，虽然措辞不一样，但是不外乎以下几个方面。

第一，重视道德修养。清华大学的"厚德载物"，北京大学的"爱国、民主"，北京师范大学的"学为人师、行为世范"等，讲的都是道德修养。政界选拔人才，要讲究"德才兼备"，中国人不论是学习还是搞政治，都倾向于把“德”放在第一位。

第二，强调学习态度。清华大学的“自强不息”，北京大学的“进步”，特别是复旦大学的“切问而近思”，讲的都是一种学习态度。也就是说，我们更强调的是学习过程，至于最终的结果是什么，很少有人去关心了。从小学到大学，老师给学生的评语常常是“学习态度认真”，这都是这个重态度的观念的体现。

清华大学校训，强调道德第一，很能代表儒家文化的价值观。

第三，强调知识面。复旦大学的“博学而笃志”说的就是一个人要知识渊博。北京大学的校训来自五四运动的口号，其中的“科学”也是知识面的一个方面，即学习西方的科学知识。

中国大学的校训反映出两个认识上的误区：一是“实事求是”；二是“发现创新”。

“求是”、“求实”与“求真”有什么区别？很多大学的校训都用到了“求是”或者“求实”这个词。“是”是“如此”，“实”是“实在”，两者强调的都是一种现象。有人把“是”解释为真理，其实“是”根本没有这个意思。“实事求是”出自《汉书·河间献王刘德传》，讲的是刘德的学习态度：“修学好古，实事求是。”“是”在那个时代是“这个”的意思，指代一个东西。我们教育的一个问题就是把学生教得过于“实”了，缺乏想象力和创造力。而真理往往是隐藏在现象背后的，如果一个人过于“实在”，缺乏想象力，是探究不到真理的。例如，一个人手里拿块儿矿石，看得真真切切，够“实”了。但是这样能够发现元素周期表吗？要发现元素周期表，需要对自然界有一种哲学假说。不论从事哪一行，有没有宏观认识、有没有哲学思辨，据此就区别出大家和小家。所有的大师，都有一种对自己领域的宏观把握，都拥有非凡的哲学思辨能力。

“发现”重要，还是“创新”重要？中国很多大学的校训都有“创新”或者“拓新”这两个词，国家还设立有“发明创造奖”。其实，“发现”比“创新”、“发明”更重要，因为创造发明必须建立在发现的基础之上。“发现”是发现自然界本来就有的规律，人们把它揭示出来，如电的发现、磁的发现。“创新”则是创造世界本来没有的东西，人们制作出一个来，如计算机的发明、飞机的发明。没有电和磁的发现，就不可能有计算机的发明。如果没有“发现”作为基础，仅仅靠偶然的巧合的“发明”，往往缺乏可持续发展性，无法建立一个完整的理论系统。

中国的科学技术史表明，我们的先人长于发明，短于发现。我们引以为豪的四大发明，如蔡伦的造纸术、毕昇的活字印刷术，可以说都是一种了不起甚至伟大的成就。但是因为没有“发现”作为支撑，就很难理论化、系统化，“发明”到自身而已，无法形成一门学科或学派。

人类最有影响的科学成就基本是“发现”，如电、磁、氧等的发现，现代文明就是建立在这些发现基础上的。诺贝尔科学奖基本都是授予科学发现者而不是发明者。我读过《影响人类的100个伟大发现》，不要说中国没有份儿，整个亚洲都没有一个，全部是欧美的成果。

如果我们用两个词分别来概括东西方教育终极目标的差异，就是：中国教育的终极目标是“君子”；西方教育的终极目标是“大师”。

中国高校的校训几乎都来自儒家的经典，受孔子的教育思想影响最深。孔子办教育的目的是什么？就是给政界输送人才，孔子学院实际上是中国第一所政法大学。中国古代知识分子的两套豪言壮语是“修身、齐家、治国、平天下”和“为天地立心，为生民立命，为往圣继绝学，为万世开太平”。胸怀儒家理想的政治家，与探求真理的科学家、思想家没有关系。这就可以理解，为什么樊迟要学农业就被孔子骂为小人，没有出息，孔子觉得，为什么樊迟不去当政治家呢？其实，对今天生活影响最深刻的一门学科——基因科学，就是从种庄稼中发展起来的。

把提高道德修养作为教育目标，本身没有任何错。一个和谐的社会，特别是一个廉洁的政治环境，需要千千万万的君子。中国的教育在培养“君子”方面是否卓有成效、是否成功了？对此人们心里都有一杆秤。但是，我们也必须认识到，以培养君子为首要目标的教育是不大可能培养出大科学家、大思想家的。

然而，科学求真本身也产生出巨大的“副产品”，就是不一定投入科学研究事业者都可以当科学家，但是很多科学研究者形成了君子风度。科学探

中国的教育：强调伦理与知识，终极目标是“君子”。

西方教育：强调真理与智慧，终极目标是思想家和科学家。

索中包含着协同合作的集体主义精神，认真负责任的工作态度，尊重他人的道德风尚，接受别人检验的自律精神，造福大众的博爱精神。一个人具备了这些品性，不就是一个现代的君子吗？我在东西方教育界生活多年，不知道人家西方大学里和社会上的君子比咱们多多少，只觉得君子风度已经成为普通人的修养，处处都能感受得到。这是值得我们教育界借鉴的。

西方的大学特别强调学生要为社会服务，解决人类面临的科学难题。在斯坦福大学工程学院新落成的大楼里，一根柱子的铜牌上雕刻着理兰德·斯坦福把家产捐出来建立学校的目的：“读大学除了为自己的成功和荣誉外，更重要的是肩负着为社会服务的希望和信任。”但是，造福人类的科学发现、发明，毕竟是少数天才的事；绝大多数人只能做些知识的继承和传播工作，过文化人的普通生活。这种教育相当成功，相当深入人心。这些人在大学毕业之后，以各种方式为社会服务。美国有种社会现象非常令人感叹，那就是做义工的人非常多，有些社区医院的运作由于缺乏资金，基本靠义工来支撑。在斯坦福大学就读的外国学生或者访问学者，总能找到那些退休的老师来自愿帮助你改善英语。很多中小学的事务，都是靠义工来做的。义工队伍包括的人员，从中学生到退休人员都有。在这里，“雷锋”的事迹没有人去报道，因为太多了；没有人去提倡，因为已经成了很多人的自觉行为。

国内很多人可能对这种现象存在误解，认为他们有钱，不用工作，才会去做义工。这完全是一种价值观问题。其实，看看我们国内，也有很多人衣食无忧，但是无所事事，一天到晚忙着打麻将、吃吃喝喝。如果大家能把这些打麻将的时间分一部分用来为社会无偿服务，那么大家的生存环境就会大大改善。

东西方大学的校训深刻反映了两种文化的教育价值观的差异，也影响了人才培养的方向。在培养道德高尚的君子方面，东方的教育是“有心栽花花不开”，西方的教育是“无心插柳柳成荫”。

9

死要面子的教育

在2011年2月27日温总理与网友对话时，有一位大学生提到一种相当普遍的现象：我是一名即将毕业的大学生，大学四年有一个感受，就是真正埋头学习的人少了，大家都变得现实了，最关心的是毕业后找工作。温总理很认同这一点，指出：这个是高等教育问题，为什么高中毕业上大学就以为学习到头了？就会出现真正埋头学习的人少了？

不是大学生“变得现实了”，而是从小到大家长和老师的期许本来就是很现实的，自己能上个名牌大学，有个体面的工作就行了。归根结底，还是一个面子问题，只要面子有了，目标也就实现了，再没有了学习的动机。

从古至今，重视教育是儒家文化的共同特点，但是，为什么而学习、教育的目的是什么，却有了质的转变。孔子提倡学习，主要是为了个人的精神升华、道德修养的提高，更好地为社会服务。孟子的一句话也许道出了孔子热衷教育的动机，他认为人生的三大快乐之一是“得天下英才而教之”（《孟子·尽心上》）。也就是说，不论是教还是学，都强调的是个人精神世界的快乐。

在孔子和他弟子的言行中，没有飞黄腾达、光宗耀祖、追求功名利禄这些内容。《论语》里记载的两次孔子见到自己独子孔鲤的情形，每次都是关心孔鲤的学习，但是孔子强调的是不好好学习就做不好人，就无法更好地为国家服务。如果是现在，那话的味道就可能变成这样了："你老爸是个文化名人，你要不好好学习，就丢爸爸的人呀！"

一句话，那个时代的教育是为了提高个人自身的修养，追求的是"里子"，然而在今天，我们的教育几乎都变成了为了"面子"而学习。

《三字经》的开篇就是谈教育，其中有这样几句："窦燕山，有义方，教五子，名俱扬。"追求的是名望，讲究的是面子，至于他们学成以后具体做了什么，是否为社会做出了贡献，没有人去关心去过问。读书到底是为了什么，《三字经》把话说得很明白："扬名声，显父母，光于前，裕于后。"我不是说这种动机有什么不好，而是认为它追求的境界太低，太现实，使得学生在没有达到探求知识真理的境界之前就裹足不前了。现在大学生很多不爱读书，太现实，与这种传统价值观念不无关系。

应该说"扬名声、显父母"这种读书目的有它积极的一面，回报父母的养育之恩也是一种美德。但还有一种读书纯粹是为了给自己争口气，甚至是为了报复别人，可以说是一种变态的读书现象。《三字经》宣扬了这样两个刻苦读书的模范："如负薪，如挂角，身虽劳，犹苦卓。"讲的是朱买臣和李密，一个打柴一个放牛，生活都非常贫苦，但能自己发愤读书。朱买臣是典型的小人得志，一旦做了官，首先扔掉的是手中的书，然后马上就去羞辱、折磨曾经对他不恭敬的妻子，致使妻子不堪忍受其凌辱而自杀。朱买臣代表了一类中国古代知识分子。

华人父母对孩子的教育下手最狠。一狠是"早"，孩子两三岁的时候，刚刚能够走路，父母就想方设法把孩子送到好的幼儿园学习，有些甚至周托搞封闭式教育。二狠是"钱"，华人是最舍得对孩子的教育投资的一个群体，常听人说扒房揭瓦、砸锅卖铁也要供孩子读书。三狠是"快乐"，即使牺牲小孩童年、少年的所有乐趣，父母自己也不再考虑自己的休闲娱乐时间，只为给孩子腾出更多的时间去学习。可怜天下父母心。父母为什么在孩子的教育上这么"疯狂"，仅仅是为了孩子好吗？单纯是为了孩子将来有一碗饭吗？

这里有没有自私的成分，如为了从孩子将来的成功中获得荣耀？

现在，孩子考上大学，很多父母都要办升学宴，因为孩子争气了，父母脸上有光彩，可以向亲戚、朋友、邻里“显摆”了。孩子没有考上大学，或者考得不理想，父母哭的、打的、骂的，什么都有，因为父母觉得丢脸呀！父母与孩子荣辱与共，这也是一种文化现象。哪家父母没为孩子的学习生过气？哪个学生没有因为学习而被责备过？凡是有学生的家庭，幸福指数都会降一大级。说到底，这都是面子惹的祸。

学习动机的堕落，必然带来学习手段的腐败。旧社会鼓励人读书的两句话是：“书中自有黄金屋，书中自有颜如玉。”金钱和美女，是不少人疯狂追求的对象，一些人由此而走向了罪恶。世界上最大的赌城拉斯维加斯，称自己为“罪恶之城”（sin city），就是利用人们对钱和色的欲望而发展起来的。现在官场成了高危行业，只见纷纷落马者，为的也是“钱色”二字。一个为了金钱和美女而读书的孩子，他将来能成为大师吗？这与用钱色引诱官员腐败一样，也把读书的价值贬低了。

在长期的封建社会里，读书的目的主要是金榜题名，因为这可以出人头地、光宗耀祖。《红楼梦》里的贾雨村还是一个书生的时候，他的志向就是“天上一轮才捧出，人间万姓仰头看”。不论是榜上有名、高人一头，还是“人间万姓仰头看”，都是为了一个面子，从别人的羡慕、嫉妒中得到极大的心理满足。为面子而学习者，只要面子挣到了，目的也就达到了，读书事业也就大功告成了。

常言说：“两耳不闻窗外事，一心只读圣贤书。十年寒窗无人问，一举成名天下知。”“不受苦中苦，难做人上人。”自己跟自己较真儿，自己跟自己过不去，等待的就是被“天下知”那一天，做“人上人”那一日，在精神上压倒一大片。为什么？因为这时候最有面子，最有光彩。

我2010年在河南参加第五届“全国教育名家论坛”时，一位中学老师告诉我，有一位老师这样鼓励他的学生：“今日考上北大、清华，明日死了也值得。”为什么？因为北京大学、清华大学是中国最好的高校，能考到那里，对于一个中学生来说，是最大的面子。这句话是套用孔子的“朝闻道，夕死可矣”，但是孔子追求的是“道”，现在人追求的则是面子，相比之下，今人不知比圣人差多少档次！

中国人死要面子者很多，为面子而死者也有。据一家报纸报道，前几年四川的一位母亲，因为女儿学习成绩不好上吊自杀了。这位可怜的母亲可能把自己一切的希望、一切的钱财特别是一切的面子都押在女儿身上，女儿让她失去了面子，所以精神也就崩溃了。

不少大学是这样鼓励学生的：“今日你以母校为荣，明日母校以你为荣。”“荣耀”也是一种面子，是从别人的脸色中得到满足，从别人的称赞中得到幸福感。至于你做了什么，恐怕没人去关心，也没人在乎。

父母这个群体，教师这个行当，有句集体无意识的用语，这就是“给我……”。父母对孩子会说：“这个期末你给我考个双百分，我给你买架飞机（当然是玩具的）。”“明天早上你给我早点起来，别再迟到了！”老师对学生会说：“你给我把字写得工整一些！”“你给我把作业按时交来！”为什么这样？孩子出息了，成绩好了，父母和老师都可以分一杯羹，获得一份面子，因为他们是学生面子的最大“股东”。评优秀教师，主要看他们教的学生的考试成绩。分数，分数，学生的命根，何尝不是老师的命根！

望子成龙，望女成凤。其中的逻辑很简单，“龙生龙，凤生凤，老鼠生来会打洞”嘛！作为父母，儿子成了龙，不就证明自己也是龙吗？女儿成了凤，不也就证明自己也是凤吗？中国的父母大都喜欢说一句话：“都是为了孩子。”这种牺牲精神的确是中华民族的优良品德之一，但是反躬自问一下，个中就没有“为了自己”的成分吗？如果换一个角度思考问题，父母和孩子，各自有各自的责任，各自有各自的荣誉，会不会双方都觉得更轻松一些？让孩子从小就树立一种观念，学习是为了自己，为了体现自己的价值，目的是更好地为社会服务，效果也许会更好一点儿。

中国的教育讲究面子，也反映在投资策略上，特别是学校的建设。从中学到大学，每个学校花钱最多、盖得最漂亮的都是校门和校门口的那几栋大楼，然而真正关系到学生生活的宿舍、食堂，就顾不了那么多了。相反，我去过西方的很多大学，加利福尼亚大学伯克利分校的校门就是一个不起眼的小铁门，斯坦福大学的校门则是两个矮矮的石头柱子，加州理工学院，我慕名而去，找了半天也找不到校门。然而这些学校的宿舍那可是没得说。就拿斯坦福大学来说，每个结婚带家属的博士生都可以住上两层小楼房，相当于连体别墅，前面有自己的停车场，后面有自己的小花园，每个小区还都有供

上图为普林斯顿大学的大门，下图为普林斯顿大学校园内一角。这种“轻面子”、“重里子”的建筑风格，反映的也是他们的教学理念。

小孩玩耍的游乐场。楼下是客厅，楼上一间卧房一间书房，比我现在工作期间居住的环境还舒适。大学提供这些条件，就是为了让学生能够有自己安静的空间来读书研究。

讲究面子还会使正常的学术“走了调”。2010 年 11 月，我在北京师范大学“敬文大讲堂”作了一次关于儒家思想与中国的教育问题的讲座，参加的有 300 多人。有几位不同意我的一些观点。学术争论本来是很正常的事情，因为不同的人有不同的知识背景、不同的阅历，特别是会从不同的角度看问题，分歧和争论是再正常不过了。可能在讨论之中，这几位仁兄觉得自己没有占什么上风，第二天就在北京师范大学的“蛋蛋网”上大肆挞伐，理由也很特别，他们要为维护北京师范大学这所名校而战，并提醒他人别认为北京师范大学没有人了。其实，一个人只能代表个人，如果北京师范大学真是一所名校的话，也不会因为一个人的讲座而受损。这一年多来，我经常听斯坦福大学商学院的各种讲座，其中两个演讲者都没有什么教育背景，一个是卖鞋的小商人，一个是小商品发明家，他们的到来受到热烈的欢迎，从来没有听到哪个人说，请这种人真丢斯坦福大学的脸。

一顾及面子，很简单的事情也就变得复杂了。本来很简单的一件事情，“无贵无贱无长无少，道之所存，师之所存也”（韩愈《师说》）。一顾及面子就麻烦了，面子大的向面子小的请教，担心失了面子；面子小的向面子大的请教，又担心别人会说自己挣面子；面子一样大的人之间相互请教，又担心对方的面子大于自己。这样顾及累不累？

有人会说，讲面子有什么不好？总比那些没脸没皮、不求上进者强吧？不错，为了面子而学习，确实比破罐子破摔、不求上进强。但是为了面子而学有两个弊端，不能不加小心。

第一，得鱼忘筌。“鱼”就是面子，得到了“鱼”，什么都不管了，再也没有继续努力的动机了。中国的学生普遍学习后劲儿不足，高中拼命，大学松懈，研究生不知干什么。为什么？因为考上大学，面子基本挣得差不多了。中国还有一个常见的现象，部分考上名校的学生后劲儿更不足，在研究生阶段往往被普通学校的学生赶超。这也是面子使然。上了名校的学生，面子挣得足足的，再努力也只是锦上添花。然而那些普通学校的学生觉得面子还不够，自尊心强的还觉得自己没面子，就需要再拼搏一下，结果最后胜出。

第二，不择手段。面子大家都想有，然而面子是建立在少数人有而多数人没有的基础之上的，如果大家都有了，结果谁也没面子了，所以面子总是少数人的特权。这就出现了供求矛盾。很多人为了面子不择手段，考试作弊、贿赂老师、弄虚作假，不一而足。

可以说，孔子所开辟的教育，形还在，而神已经没了。孔子学院的结构为“1个圣人+n个大人”，不论是孔子自己，还是他的弟子，没有谁是为了面子而学习的，他们都有一种使命感，所以他们后劲儿很足，百折不挠。孔子和他弟子的这种精神，可以用曾子的几句话来概括：

> 士不可以不弘毅，任重而道远。仁以为己任，不亦重乎？死而后

已，不亦远乎？（《论语·泰伯》）

我们今天的每一个读书人都应该反躬自问一下，这种大承担、大担待，有多少人有？如果把孔子拯救天下的政治家的胸怀与西方教育的终极目标“求真”相融合，钱老所期待的大师“其庶几乎”！

死要面子是渗透到国人血液里的一种强大力量，讲一个案例看它的力量到底有多大：斯坦福大学历史学系的张少书教授，在2011年5月初给师生作了一次题为“儒家思想对美籍华裔的影响”的讲座。张教授已经是第四代美国移民了，他读中学的时候有这样一次经历。小时候淘气，一天放学的时候，他母亲打开家门，看到张少书的左右两边一边一个警察，母亲的第一个反应是问警察：“不会登报吧？”张教授对此事至今还耿耿于怀，作为母亲不是关心儿子的安危，而是关心自己的面子。张教授感慨：“儒家文化对华人的影响太深了！”

因为受以前的政治宣传的影响，国内多以为资本主义国家都是个人主义的，讲究自我的享乐、自我的表现。别的我不敢说，但起码教育不是这样。我了解了不少知名大学的校长对新生的讲话，内容各不相同，但是有一个主题则是一样的：面对各种新的挑战，以个人的智慧，让社会变得更加美好，让世界更加进步，从中完全看不到那种关乎个人荣誉、大学声誉的言辞。这些是不是值得我们学习呢？

10

好态度不如好思路

中国大学的校训常常把学习态度放在第一位，如“自强不息”、“勤奋严谨”、“博学笃志”、“弘毅”等。然而，西方大学的校训不强调学习态度，在他们的校训中没有重态度这样的字眼。

重态度而轻结果，是一种文化现象。

儒家文化重视学习。就学习而言，更重视态度，至于结果如何，很少去过问。很多家长批评孩子，不少老师批评学生，常说：“成绩好不好还在其次，你态度要端正。”

有趣的是，孔子谈好学，首先要看一个人对饮食和居住条件的态度。孔子评定好学的标准是“君子食无求饱，居无求安”，即不要吃得太饱，不要住得太舒适，然后“敏于事而慎于言，就有道而正焉，可谓好学也已”（《论语·学而》）。对事情敏锐，说话要小心，接近有道者，改正自己，这些都是好学。没有问题，关键是两个前提条件：“吃饭”和“睡觉”。假如一个人吃得饱一点儿，住得舒适一些，也做到了“敏于事”、“就有道而正焉”，就不叫“好学”了吗？

现在的人会说，孔子这是在讲究科学学习，一个人酒足饭饱，血液都到肠胃里去了，脑子昏昏欲睡，哪里还能学得进去呢？一个人住得很舒服，家里就像五星级宾馆那样，哪里还有心思去读书呢？然而在2500年之前，营养的品种远没有今天这么多，油水也没今天这么大，就是吃国宴也吃不出今天大款那种浑浑噩噩的感觉来。那时候既没有空调，也没有沙发，更没有席梦思，就是最富有的大臣的生活，恐怕还达不到现在的小康水准。

在温饱问题还没有解决的时代，还降低标准，就有可能触及健康的底线。

孔子不仅在理论上是这样定义“好学”的，在实践上也是如此，他评判一个学生的好坏，首先看他对饮食和居住的态度。颜回是孔子树立的唯一“学习标兵”，两千多年来最知名的好学生。孔子夸颜回就像唱咏叹调一样，一句话中就反复几次“贤哉回也”：

> 贤哉，回也！一箪食，一瓢饮，在陋巷。人不堪其忧，回也不改其乐。贤哉，回也！（《论语·雍也》）

孔子在国君那里夸颜回“好学”，在大臣那里夸颜回“好学”，而且夸得一步到位，不留任何余地。颜回不幸短命死了，他听都没有听过还有第二个好学的人。颜回家里只有一竹篮的粮食，一个舀水的瓢，家徒四壁，居住在穷巷子里，别人都受不了，颜回还乐在其中。颜回之所以会乐于这种自虐式的生活，可能就是为了老师的那份期待，要被老师赏识，要保住“学习标兵”的荣誉，就不能添置家具，乔迁新居。结果颜回29岁头发就全白了，40岁就去世了，他以健康为代价博得了老师的欢心。

颜回的好学到底表现在什么地方？孔子说得也很明白，“不迁怒，不贰过”，不把自己的情绪带给不相关的人，做错了事，老师说了就改。在今天的人看来，这只是一种好德行，怎么能跟学习挂上钩呢？殊不知，在儒家文化里，品德与学习是分不开的。清华大学校训中的“厚德载物”就体现了这种儒家文化的价值观。儒家教育的终极目标是“君子”。“君子”是什么？不就是道德高尚的人吗？诸如“格物致知”、“诚心立意”等，都是儒家教育的理想境界。

孔子所提倡的还只是“温柔的自虐”，到《三字经》就提倡“残暴的自残”。“头悬梁，锥刺股”之所以在古今那么多学子中搏出位，前一个跟想不开“悬梁自尽”只差两个字，后一个不是毁容起码也是毁形。人们提倡了几千年，就在前不久钱文忠还在《百家讲坛》精彩演绎《三字经》，还在鼓励懵懵懂懂还不晓事理的儿童走上这条道。但是大家想没想过，这样自残的学习效果如何？最后弄出点儿什么名堂了吗？给中国的科学文化事业做出了哪些贡献？如果我们为“头悬梁，锥刺股”的人想一下：自己跟自己过不去，大脑高度疲劳，还能看清楚什么？还能想清楚什么？还能理解什么？真是一个谜！

孔子还从穿着上判断一个人的学习态度。“士志于道，而耻恶衣恶食者，未足与议也。”(《论语·里仁》) 如果一个人讲究吃、讲究穿，孔子认为他没有远大的志向，这样后果很严重，孔子连话都不想跟他说了，这个人自然也就失去了得到当时最知名教授教育的机会。《荀子·子道》中有一则有趣的记载，一次子路盛服见孔子，孔子说：“现在你穿得这么漂亮，颜色这么华丽，天下的人谁还会劝谏你呢？(今女衣服既盛，颜色充盈，天下且孰肯谏女矣?)”子路马上出去，把好衣服换掉了，重新换上自己的破大褂来见老师。孔子一涉及贫穷，说话就出逻辑问题，真看不出穿好衣服与别人会不会规劝之间有什么必然的联系。

不光是圣人如此，神仙要传授机宜，首先看的也是一个人的学习态度。张良是辅佐刘邦建立大汉王朝的第一谋士。他年轻的时候住在下邳，路过一座桥，那里坐着的一个老者故意把鞋子弄掉，让张良把鞋子捡了给他穿好。张良虽然老大不情愿，还是按照老者的话去做了。老者觉得张良孺子可教，就让他五天以后天亮时分来桥上等他。过了五天，张良来晚了，老者很生气，就让张良过五天再来。第二次，天还不亮，张良就来了，可是老者已经在那里等，老者又是一脸的不痛快：“去，去，下次再不能这样了。”第三次，张良半夜时分就等候在桥头了。过了一会儿，老人步履蹒跚地来了。张良急忙上前扶住老人，老人看见张良早早来了，露出了笑容，说：“年轻人就应该如此！”他拿出一卷书说：“这是一本世上少有的奇书，我一直找不到合适的年轻人来传授，现在我把它传给你！读了它，你就会有远大的谋略，实现自己的宏伟抱负。”张良深深谢过老人，接过书一看，原来是《太公兵法》。回去以后，张良反复诵读，认真体会，增长了不少才智。

这则故事见于《史记·留侯世家》，它旨在教育人学习态度要虔诚。但是其中有没有值得反思的地方？老者让张良天亮来，张良第一次迟到，当然不对；然而第二次张良天未亮就来了，老者怎么能以自己先到为理由去斥责张良呢？为什么你说天亮，却让人家提前五、六个小时半夜就来等你呢？中国人守时观念比较差，两千多年之前已经开始。不把话说到明处，也让后生很累，因为他们总是生活在揣测长者心理的焦虑之中。

关于态度最虔诚、最感人的故事，莫过于刘备的三顾茅庐。刘备、关羽、张飞三兄弟不顾严寒酷暑，三次到山野之处请诸葛亮出山。前两次都扑空了，最后一次，三兄弟斋戒三日，备足厚礼，来到卧龙岗，适逢诸葛亮从外边云游刚回，正在睡午觉。刘备不敢惊动，一直从中午等到日头偏西，等诸葛亮醒了之后才敢进去。最后，诸葛亮被刘备的虔诚所打动，帮刘备建立了蜀国，与曹操、孙权三分天下。功业可谓大矣！

程门立雪，也是中国教育史上的一段佳话。游酢、杨时两位后生去拜见理学大师程颐，正值程颐闭目养神，二后生恭恭敬敬地站在门外等。程颐醒来，环顾一下四周问道："贤辈还在等吗？天不早了，该休息了。"到门外一看，雪已经一尺多深了，那两个人还站在那里，浑身是雪。显然，程颐是知道外边有人在等他的，有意看一下他们是否虔诚，再判断是否孺子可教。中国人求学实在不易！

古人所提倡的学习态度，要么自虐，要么自残，要么自辱。这也是一种特有的文化现象。

爱因斯坦的成功公式告诉我们一个道理：休息好，多思考，才是成功的硬道理。有一次，一个美国记者问爱因斯坦成功的秘诀，他回答：早在1901年，我还是个22岁的青年时，我已经发现了成功的公式。我可以把这公式的秘密告诉你，那就是 $A = X + Y + Z$! A就是成功，X就是努力工作，Y是懂得休息，Z是少说废话！这公式对我有用，我想对许多人也一样有用。

其实，好态度不如好思路。从我们每个人接受教育的生涯中都可看到，周围那些学习成绩好的同学，往往看起来很轻松，还能腾出时间参加一些文体娱乐活动，德、智、体发展得很全面。班上那些学习最刻苦的同学，一天到晚蓬头垢面，连刷牙、洗脸的时间都没有，别人都休息了，他在路灯下看书，身体长期透支，这种人往往学不出什么名堂。

西方教育理念与我们最大的一个区别是，从来没有人关心你的态度，从来没有人叫你端正态度，只要你能够把事情做好，什么态度都行。反过来，没有能力，做不成事，态度再好也没有人同情你。

西方人学习不讲究态度，也可以从他们读书的姿势中看出来，学校里的学生，坐着的，趴着的，躺着的，歪着的，斜着的，仰着的，都在看书学习。夫子教我们“食不语、寝不言”，可是在美国的校园里，边吃边喝边看书，是最常见的一幕情景。

好态度不如好思路，看效果而不要看形式。

11

知识不一定是力量

中国是一个超级知识大国，除了古代传承下来的浩如烟海的知识外，还大规模地引进国外的知识，每时每刻也不断增加着新知识。但是大家一定要明白一个道理，不是所有的知识都能转化为力量。

在学校的教室里、图书馆里，经常见到字幅上书“知识就是力量”、“知识的海洋”。然而我们应该认真想一下，所有的知识都是力量吗？如果不是，就要弄清楚哪些知识有力量，哪些知识没有力量。

其实，绝大多数的知识，自身转换不了任何力量，顶多算是一种修养。不论是理工科的知识，还是文科的知识，不消化理解，不转换成动手能力，没有在此基础上进行创造发明，任何力量也不会产生。

中国的教育为什么投资大、收效微，就是过多注重知识的传授和学习，而没有弄清哪些有力量，哪些没有力量。与美国人相比，我有一个感受：他们的普通民众的知识面普遍比中国人的窄，但是生活却比我们好；他们的学者的知识不一定比我们的学者多，但是头脑却比我们的活。在各个领域，从社会科学到自然科学，独领风骚的学者大多数都在美国。为什么？就是因为东西方教育对知识和能力的侧重点不同。

在中国人看来，“无知”或者“孤陋寡闻”，不仅自己应该羞愧，别人也会觉得你可耻。缺乏知识会带来什么严重后果？“少见多怪”，见识少了就容易大惊小怪；“无知者无畏”，没有知识就会无惧无畏。关于一个人的见识问题，《庄子·秋水》中有一段生动的描写：

秋水时至，百川灌河；泾流之大，两涘渚崖之间不辨牛马。于是焉河伯欣然自喜，以天下之美为尽在己。顺流而东行，至于北海，东面而视，不见水端。于是焉河伯始旋其面目，望洋向若而叹曰：“野语有之曰，‘闻道百，以为莫己若’者，我之谓也。且夫我尝闻少仲尼之闻而轻伯夷之义者，始吾弗信；今我睹子之难穷也，吾非至于子之门则殆矣，吾长见笑于大方之家。”

短短这段话就有三个成语“望洋兴叹”、“欣然自喜”、“见笑于大方之家”。这个河伯原来是河南一带黄河里的神仙，觉得这是天下最美的地方，后来到了黄河入海口，才认识到自己的渺小。类似的成语典故还有很多，如“夜郎自大”、“井底之蛙”，说的都是同一个道理。这都反映了中国文化里的价值判断。

学位的名称很有意思，也能反映东西方教育的价值观念的不同。中文的“硕士”对应于英文的“master”，中文的“博士”对应于英文的“philosophy of doctor（Ph. D. ）”。“硕”的本意是“高、大”，《诗经》中的“硕人”是指个子高挑的女士，“硕鼠”就是又大又肥的老鼠。“博”是“多”，“博闻强识”、“博学多闻”、“博物馆”中的“博”说的就是量特别多。总之，“硕”是量大，“博”是量多，两者讲的都是一种静态的数量。

然而，英语中“master”是“掌握”、“娴熟”的意思，主要强调领会和动手能力。英语中的“philosophy of doctor”，有人把它翻译成“哲学博士”，这容易产生误导，好像是“马列主义哲学”专业毕业的博士，其实不然。“doctor”在英语中有“医生”和“博士”两解，最早指的就是医生，医生就必须具有临床经验，能够给病人治病。可以说，一个在某一行掌握了最高技艺的人，再加上具有“哲学”知识的头脑，就是所说的博士。

关于学位的内涵，从词源上可以看出东西方对高级学位认识的不同：中国注重的是知识的量大，是静态的，限于个人范围；西方强调的是掌握某种技能，有智慧，会动脑，是一种动态的能力，即可作用于外在世界的能力。

当然，这里谈的只是词源所包含的文化含义，并不代表现在每个教育者都持这种看法。但是人们也不时听到有些博士生导师这样抱怨："现在的博士知识面太窄了，名不副实。"这还是从字面上去理解博士的内涵。

中国人讲一个人学问大，知识渊博，看重的也是知识多。我们经常听说，某某的学问那叫一个大，连古代的某本书的某一页某一行是什么字都知道。反过来，一个人如果犯了低级错误，就会受到大众的耻笑，说你连该学科的 ABC 都不懂，不够资格干这一行。2005 年连战到清华大学去演讲，当时清华大学的校长没有流利地把一副赠送给连战的对联念下来，不少人都说他水平太次了，不称职，不配当清华大学的校长。其实，这位校长是理工科出身的，他不认识一个草书字，与他能不能当好校长有什么关系？

文人相轻，自古如此。要否定同行中的一个人，就从指责他缺乏某某最基本的知识开始。他们都有这种逻辑，一个人如果缺乏某种基本的知识，那他一定就没有能力，一定不称职。其实，能力与知识并不是一回事，往往是分开的。我看过一些诺贝尔奖获得者的传记，一些在物理领域做出杰出贡献的学者，却连一些简单的数学公式都会搞错。

"知识挂帅"也渗透到文艺界。国内每年一度的青年歌手大奖赛，选手除了唱歌献艺以外，还要接受如余秋雨这些嘉宾的知识考试，分数被计入总分。我记得余先生问一个女歌手的问题是："上个世纪鸳鸯蝴蝶派的代表人物是谁？"那个参赛歌手一下被问懵了，结果知识得分为"0"，总排名也被拉下来了。我们可以问一下，会没会这个知识点，与她是不是个优秀歌手有什么关系？哪个知识点会被问到，具有很大的随意性，这个歌手虽然不知道鸳鸯蝴蝶派，可是她也许知道"比翼双飞派"，她答不上来余先生的问题，也不能说明她的知识水平就差。

我们很多人都看到演艺界明星风光的一面，但是殊不知他们的压力也很大，一个小错误就可能被天下人耻笑。我国台湾有一个节目主持人问几个参赛选手一道题："'大江东去，浪淘尽，千古风流人物'这几句词是谁写的？"一位选手答道："是苏东坡。"这位节目主持人竟出人意料地说："错，是苏轼写的。”这件事情不知成了多少人的话柄。据说，钢琴家郎朗在国外演出，把“虞美人”翻译成了“beauty of fish”，也被人笑为没有文化的代表。

鲁迅《故乡》中有这么一段描写：“我”一时没有认出“豆腐西施”，这位“杨二嫂”就“显出鄙夷的神色，仿佛嗤笑法国人不知道拿破仑，美国人不知道华盛顿似的”。法国人不知道拿破仑，美国人不知道华盛顿，这类人一定有，可能还不少。就是现在还有一些美国人认为他们的首都是纽约。我没有在法国长住过，遇到一个不知道拿破仑的人，别人会不会去耻笑他，我不敢说。但是在美国，不要说不知道华盛顿，就是不知道小布什、克林顿，也不会有人笑话他。因为他们的文化中没有因知识少而笑话人的传统。在背后笑话人，也是一种文化现象。在中国，从家庭到学界，笑话人是最多的一种话题，我在美国生活了这么多年，即使听到这方面的话题，也一定是在中国人之间的谈话中。

2008年我到奥地利参加学术会议。火车的邻座上坐着一位学音乐的女大学生，我问她知道些中国的什么。结果，她就听说过上海，至于北京、长城，一概都不清楚是怎么回事。我当时还很为她难为情，怎么问出人家的知识弱项呢？但令我印象深刻的是，那姑娘坦然自若，没有丝毫的不好意思。这如果换成我，不说很难为情，起码也觉得有些遗憾。对这件事我也很有看法，这奥地利的教育部也太不重视知识了，也太不把咱中国当成一回事了，看看我们的教育，中学生都知道欧洲有哪些国家、哪些山川河流、主要的城市、各国盛产什么，还知道人家有哪些大科学家、大思想家。

重视知识，就会带来一个副产品：如果一个人被问出无知，会觉得羞愧，这种感受会转化成恼羞成怒，特别是学生问出老师的无知，下级问出上级的无知，问话者就危险了。普通人就不用说了，即使圣人在这方面也不能免俗。根据《论语·子路》的记载，樊迟“请学稼”，孔子回答“吾不如老农”；樊迟“请学为圃”，孔子回答“吾不如老圃”。樊迟出去以后，孔子就骂他：“小人哉，樊须也！”孔子说过：“人不知而不愠，不亦君子乎！”但是这说的是自己有这种知识而别人不知道的情况。然而自己没有这种知识，又被别人问出来了，毫无例外，夫子很生气，后果很严重。另外一个典型案例是，孔子在卫国期间，卫灵公向他请教排兵布阵的事，孔子说：“祭祀的事，我学过一些；排兵布阵，我没有学过。”第二天孔子就辞去了卫国的工作走了。孔子不好再骂卫灵公是小人，因为人家毕竟是“老板”呀！

国人引以为豪的是中国的基础教育好，准确地说，就是中小学给孩子灌输的知识多。就拿幼儿园来说，中国两三岁的孩子到幼儿园去，幼儿园的阿姨就会给他们发各种各样的书，从幼儿园开始，孩子们的书包就开始沉起来了。我的女儿三岁的时候到斯坦福大学的幼儿园，一年下来，什么书也没发过，幼儿园都是给他们一些材料，让他们制作各种各样的东西。美国小学生的书包几乎是空的，教材放在学校里不带回家，大多时候书包里就是几页作业纸。

如果选一个“考试王国”，非中国莫属。一个人的一生不知要经历多少场考试。考试是最有效的考察一个人知识面的手段。去美国留学大都需要考“托福”和 GRE，但是主管考试的机构都会专门发文件给各个大学，提醒他们这些考试的局限性，因为很多能力是考不出来的，诸如创造力、想象力这些对科学研究至关重要的能力，是没有哪种考试可以测出来的。以分数定终身，埋没的人才可能一点儿也不比选拔的人才少。大家不应该对“高分低能”现象感到奇怪，因为一味只强调“高分”必然导致“低能”——一个人一门心思都在应付考试，把全部精力都用于学习书本知识，必然忽略真正能力的培养。

重视知识的习得，是中国教育的优良传统；然而过分强调知识则是值得中国教育深思的问题。

12

重道德轻真理的教育

从古到今，中国的教育一直走的是重道德轻真理的道路。

哈佛大学的校训就一个词——“真理”，很明确地表明，这个学校是干什么的，来这里读书、工作的人应该怎么做。20 世纪 70 年代后期，在拨乱反正时期，政治生活中的一件大事是学习和讨论“实践是检验真理的唯一标准”。那么对于哈佛大学来说，“真理”是检验教育的一切标准。当然，这里讲的“真理”的含义要宽泛得多，既包括人类社会的，又包括自然界的。

中国的教育始终把伦理道德放在最重要的位置。《三字经》的开篇就是劝勉人学习的，把学习的目的说得很清楚：“玉不琢，不成器，人不学，不知义。”“义”就是儒家的一种道德准则，就是正确的应该做的事情。

清华大学校训中的“厚德载物”，强调的是要加强道德修养，担当起社会的大任。这当然是对的，但是不全面，顶多是教育目标的一半。大学的另一个重要职责，也许是更重要的职责，是培养探讨真理的责任、勇气和智慧。

北京大学校训中的“爱国、进步、民主”也是一种道德修养。像“爱国”这样的品行，是所有公民应该具备的，一个人从小学开始就应该树立这样的观念。那么，将其写进中国最知名大学的校训，就显得既没有必要又没有特色，这就好比把“读书”、“学习”这些字眼写进大学的校训一样，把人人应该做到的事情写入庄重的校训，给人一个错觉，似乎“爱国”是少数精英们的事，与大众无关。

中国的大学始终把道德放在第一位，这是孔子教育思想在今天的传承。孔子学院是中国最早的学校，它实际上是一所政法大学，主要是为政界输送人才的。所以道德伦理的修养是最重要的。孔子学院分为四科，每科的优秀学生代表如下：

> 德行，颜渊、闵子骞、冉伯牛、仲弓；言语，宰我、子贡；政事，冉有、季路；文学，子游、子夏。（《论语·先进》）

“德行”是第一，然后才是言语、政事、文学。那时的“文学”是关于古典文献的研读，是唯一的专业课。孔子树立的唯一的学习标兵就是德行科的第一名——颜回，这也反映了他的教育理念和评判学生的标准。

孔子为什么把德行放在第一位，一方面是因为他办学的目的是给政界输送人才，另一方面是因为他对政治的理解。政治家治理国家，主要靠道德的力量来感化大众，“其身正，不令而行；其不正，虽令不从”（《论语·子路》）。在孔子看来，一个政治家，自己在道德上过硬，立得直行得正，不用制定什么策略方针，也不用做什么管理，大家都会仿效你，整个社会就会和谐，人民安居乐业，国家繁荣昌盛；然而如果自身有道德缺陷，即使你有再好的政治策略，也没有人去执行。所以，“政者，正也”（《论语·颜渊》）。政治家的主要修养和作用，就如同一个道德标兵，“为政以德，譬如北辰，居其所而众星共之”（《论语·为政》）。这就是孔子理想的政治体系，国君做一个道德标兵，上上下下围绕着国君，各司其职。

每年的央视春节联欢晚会都有各个行业的道德标兵、劳动模范出席，胸戴大红花，非常抢眼；每年的年底年初央视都有一个系列节目，叫“感动中国”，讲各种各样的助人为乐的先进模范的事迹。按照孔子的观点，一个社会不需要什么公务员考试，直接把这些先进人物安排在政府各个位置就行了，这个社会自然而然就和谐起来了。

“榜样的力量是无穷的”，这是典型的儒家文化。在中国，各种传媒，各个单位，各所学校，从城市到乡村，到处都充斥着形形色色的榜样的宣传。历史人物，从儿童到成年人，从老百姓到王侯将相，这些榜样今天被宣传最多的也都是道德方面的事迹。小时候让过一次梨的孔融的知名度，可能比发明造纸术的蔡伦、发明活字印刷术的毕昇都高。学校评价学生的标准是德、智、体全面发展，“德”是放在第一位的。中小学的宣传栏里，一定少不了优秀学生的图片和先进事迹。在不少大学的校园里，还有优秀学生的雕像。

可能因为西方文化中没有这种信念的缘故，在美国，不论在什么地方，都看不到这类宣传。我们大家也许应该反思一下，道德的力量真的是无穷的吗？在这方面，我们政府在各种媒体投资巨大，铺天盖地宣传各行各业的模范，然而西方媒体则极少这方面的内容，难道我们的社会风尚就明显比人家好很多吗？这是值得有关部门认真思考的一个问题。

孔子虽然重视道德，但是不走极端，主张“君子不以言举人，不以人废言”（《论语·卫灵公》）。传统上讲究“道德文章”，品行好了，才能写出好文章。在中国文化里，始终分不开为人与为学。今天的人就变了调，在学界有这样一种风气：实力不行，又想在学术上压倒别人，怎么办呢？就从对方的道德来找突破口，给对方泼脏水，妖魔化对方。这种行为利用的就是传统的文化逻辑：一个人的德行不好，那么他所做的一切都是有问题的。“跟着感觉走，紧拉着梦的手”，大众的思维就是跟着这种文化逻辑走的。

人和事分不开，人和事混为一谈，就形成了古今中国文化界的一种特殊现象。正如韩愈的《原毁》所说：“事修而谤兴，德高而毁来。”这是历史最悠久的一种社会文化风气，不知古今多少人投身于此，也不知古今多少人将一生的宝贵时间倾注于此。假如民众没有“道德决定一切”的文化，这种产业早就倒闭了。

学术和道德不分，经常把学界弄得乌烟瘴气。一个学者当然应该讲究道德，但是学术和道德两者应该分开。道德方面的事情，就让法律或者社会舆论去管吧。我在一所大学作讲座，一位听众连提了五个问题，而且都是些钻牛角尖的，根本无法沟通，我就说“你有权利坚持你的观点”。第二天这位仁兄就在他们大学的网站上发了一个帖子，题为“学问不能造假”，明确谴责我做学问造假。造假是严重的学术道德问题，要么是抄袭别人，要么是编造证据，然而这位仁兄说来说去，就是因为我与他的观点不一样。这种动辄就拿他人的道德理论，特别是在学术辩论中将其用做打倒对方的手段，是学术界最不好的风气。

即使在政治领域，如何讲究道德也是一门学问。一般的规律是，在守天下的时候，道德第一，才能第二，因为秩序已经建立，找一个德行好的人打理就行。然而在打天下、争天下的时候，顺序则颠倒过来，才能第一，道德第二。

三国时期，刘备、诸葛亮的蜀国是德治，而曹操的魏国和孙权的吴国都是才治，结果蜀国灭得最早，吴国坚持到最后，魏国统一了天下。曹操向天下发表文告，不拘一格选拔人才，不管以前做过什么事情，只要有一技之长，就可得到任用。陈琳原来是袁绍的部下，文采超群，写了讨伐曹操的檄文，把曹操的祖宗八辈都骂了。在一般人看来，这是最大的不道德，不仅帮敌人做事，而且辱骂自己，但是曹操还是爱惜陈琳的才华，俘获陈琳后，不仅没有报复，还把他留了下来，陈琳成为建安文学的一位骨干，对中国文学也做出了突出的贡献。

《三国演义》中《诸葛亮舌战群儒》一回有这么一段描写：

> 座上又一人应声问曰：“曹操虽挟天子以令诸侯，犹是相国曹参之后。刘豫州虽云中山靖王苗裔，却无可稽考，眼见只是织席贩屦之夫耳，何足与曹操抗衡哉！”孔明视之，乃陆绩也。孔明笑曰：“公非袁术座间怀橘之陆郎乎？请安坐，听吾一言，曹操既为曹相国之后，则世为汉臣矣；今乃专权肆横，欺凌君父，是不惟无君，亦且蔑祖，不惟汉室之乱臣，亦曹氏之贼子也。刘豫州堂堂帝胄，当今皇帝，按谱赐爵，何云无可稽考？且高祖起身亭长，而终有天下；织席贩屦，又何足为辱乎？公小儿之见，不足与高士共语！”陆绩语塞。

俗话说，揭人莫揭短。诸葛亮偏偏反着来，一下就把陆绩那件不光彩的事情抖搂出来了。诸葛亮的策略也是，你这个人道德有问题，那么你的话也是有问题的，可以忽略不计。

从日常品行上去否定别人的言论，特别是从日常品行上去否定一个人的科学研究，本身就是不科学的、非逻辑的，它是一种重伦理、轻真理的文化现象，更何况很多关于品行的攻击是无端杜撰出来的。如果能出现这样一种风气，在学术场合只谈学术，以学术上的是非作为评判标准，在学术上公平竞争，那么一个健康的科学研究氛围才会逐渐形成。

13

东西方学者的数学思维差距

数学思维、数学意识或者数学理念，反映一个民族的科学文化素质，对于学者来说显得尤其重要。著名数学家拉普拉斯说：一个国家只有数学蓬勃发展，才能表现它的国力强大。为什么会这样？另外一位大数学家柯西一语道破真谛：一个国家的科学水平可以用它消耗的数学来度量。我根据在东西方受教育的经历和这么多年的科研体验，深深感受到这两位数学家话语的分量。

所谓数学思维，指的是把观察对象量化、符号化、形式化，用公式建立现象之间的规律联系，用数学模型揭示事物的本质特征。

不论是传统还是现代，东西方学术的数学思维存在着显著的差异。西方人在观察研究事物的过程中，有意识地利用数学思维，产生了很多重大的发现。然而中国传统的文人绝大部分是把才智用在诗词歌赋上，少数闪光的科学思想，因没有借助数学思维，无法创造出严密的、普遍的、系统的理论。

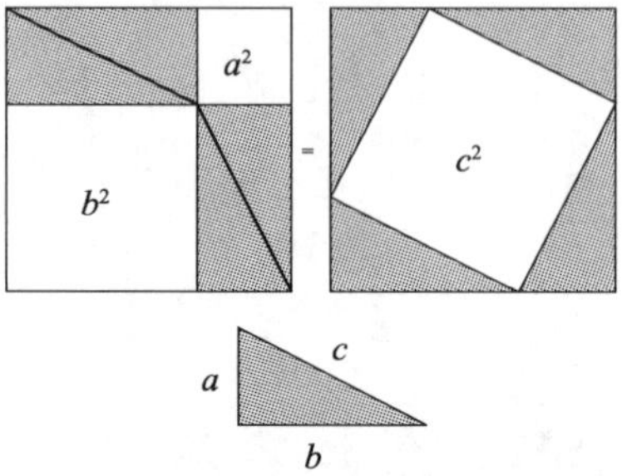

勾股定理，即西方所谓的毕达哥拉斯定理。

爱因斯坦的质能公式 $E=mc^2$（其中，E 代表能量，m 代表质量，c 代表光的速度）。

中国人的数学天分应该说是相当出色的。在科学史上被认为最优美的两个公式，一个是爱因斯坦的质能公式，另一个就是勾股定理。2010 年秋季，我在斯坦福大学听了一门数学课——数论，这位教授在课堂上多次提到中国的“剩余定理”，我作为一名中国人很自豪。然而，不得不承认，中国人的贡献在各个现代科学领域中所占的份额，与几千年的泱泱文明大国的地位是很不相称的。

我们经常津津乐道中国的中学生在数学方面如何如何优于欧美国家的同龄青少年，但是从国民整体的数学素质来看，特别是从整支学术队伍来看，不能不承认，我们与人家相比还是有很大差距的。

在很多细微的地方，我们往往笑话美国人笨，但这背后也许蕴藏着一些深刻的道理。例如，中国厨师做菜，用佐料、放盐，都是凭经验、凭感觉，俗话说“好厨师一把盐”嘛。我们在日常生活中见过，电视里也播过，中国厨师做菜，没有人放盐是用量具事先量好的，都是凭感觉。我也看过美国人做菜，他们可复杂多了，大小量杯一大堆，还事先把各种作料称好，一切都是严格按照数量来烹调的。他们做什么东西，都要程序化、量化，咱们菜谱上常见的词“少许”、“足够”，会让美国人觉得丈二和尚摸不着头脑。烹调就体现出东西方理念的差别，咱们是凭感觉，人家是借助量具。

数学是科学的语言，因此每个科学技术领域都必须利用数学，这在中国也不例外。在理工科领域，表面上看起来，中外差别不大，但是在对数学精神的体验上，特别是在自觉利用数学的创新上，中国学界还是与国外有明显差距的。在人文社会科学领域，这种东西方的差距尤为明显。这里讲一些我的亲身感受。

中国的文科生的数学能力普遍比较弱，更缺乏数学思维，对数学概念不敏感。我曾在100余所大学讲学，问过几千名听众这样一个问题：有一位预报员这样预报天气，明天下雨的概率为50%，不下雨的概率为50%，带不带伞你自己决定。这则天气预报告诉你什么信息没有？所有的人都认为，这则天气预报等于没说，没有传递任何信息。其实不然，这则天气预报包含着重要的信息。简单地看，第二天不管下不下雨，预报员的预报都正确。但是我们可以从多次这样的预报中看出他到底是个专家还是个滥竽充数者。假如他这样预报了100次，有50次左右下雨了，那么他就是个了不起的大专家。

50%的概率是非常高的，换个场景就会知道。假如一条河的岸上挂着这样一块牌子：在这条河里游泳，有50%左右的人会被鳄鱼吃掉。你敢下河游泳吗？恐怕没有几个人有这样的胆量。

人文社会科学中的很多规律都是通过概率表现出来的，然而一个研究生如果没有接受这方面的训练，就不可能发现重要的规律。

在人文社会科学领域，西方学者对于数学思维几乎达到了痴迷程度，我们认为不可能用数学的内容，他们也在用数学公式描写，建立模型。2010年秋季那一学期，我听了斯坦福大学哲学系的一场讲座，题目是“从似真逻辑推导上帝是否存在”。这个学者的整篇论文都是数学推导，最后竟得出结

这幅字摹写的是郑板桥的名言“难得糊涂”，旅游景点到处都在卖。中国人不仅是生活上糊涂，在观察思考问题上也是如此。普遍缺乏数学思维，既影响了大众的思维水准，又制约着科研的发展。

论：上帝的存在是有可能的。在同一学期，我又听了心理学系的一场讲座，是探讨“挑战”与“害怕”两种心理过程之间的关系的，他竟用一个数学不等式来描写两者之间的关系，两者都对人有激励作用，它们的激励度为 F（害怕）$\geqslant C$（挑战）。

美国形式语言学的发源地和重镇是麻省理工学院，代表人物是乔姆斯基。他的研究思路，基本上是把数学的符号、概念、形式、结构移植到语言学中来。不少人觉得这个理论不好懂，原因就是对这些数学知识不清楚。乔姆斯基的做法是仿效笛卡儿把数学结构移植到哲学中来的做法。在引进西方的人文社会科学方面的理论时，只有了解他们的科研文化，才能搞清楚他们的思路和方法。

利用数学思维，并不能保证一定得出科学结论，但是它是科学发现的工具。我们看一个典型案例——曹冲称象，因缺乏数学思维而与重大的科学发现擦肩而过。

曹冲称象的典故见于《三国志·魏书》，现在编入小学课本，中国还为此专门发行了纪念邮票。这个故事家喻户晓，妇孺皆知，是一则优秀的益智故事，但同时也蕴涵着中国科学发展的缺陷。其原文如下。

曹冲称象的纪念邮票。曹冲称象蕴涵着浮力定律，但是缺乏科学抽象，一直没有升华为科学规律。中国传统科学一直停留在具体的现象上，没有形成科学系统。

（曹冲）生五六岁，智意所及，有若成人之智。时孙权曾致巨象，太祖欲知其斤重，访之群下，咸莫能出其理。冲曰："置象大船之上，而刻其水痕所至，称物以载之，则校可知矣。"太祖大悦，即施行焉。

五六岁的曹冲是不是有这么高超的智慧并不重要，重要的是起码在陈寿写《三国志》的时代人们已经意识到了浮力定律。但是这还是一种直觉的观察，同样重量的物体置于船上，船吃水的深度相同，还不是科学规律，更无法形成流体力学这样的系统科学。

要形成科学规律，还必须弄清液体的物理属性，即浮力及其产生的原因。更重要的是如何计算浮力：把物体浸在一种液体中时，所排开的液体体积，等于物体浸入液体中的体积；维持浮体的浮力，跟浮体所排开的液体的重量相等。这就是阿基米德浮力定律，它可以用精确的数学公式表达为

$$F_{\text{浮}}=G_{\text{液排}}=\rho_{\text{液}}\, gV_{\text{排}}$$

式中，$V_{\text{排}}$ 为物体排开液体的体积。

当然，我们不能苛责一个五六岁的儿童为什么没有独立发现浮力定律。当时在场的曹操及其他官员只是觉得自己的孩子聪明，也不能想清楚其中的道理，虽然曹操是一个军事家，也不能把儿子的天才发现用公式表达出来，

西方从阿基米德的浮力定律又发展出流体力学，然而中国从“曹冲称象”只发展出了小学语文内容，除此之外什么也没有。

然后加以推广。然而最值得人们反思的是，近两千年的历史都忙着称赞曹冲的聪慧，而没有对这个问题再进一步深入探究，一个物理学定律就这样与中国历史擦肩而过。我认为，中国传统普遍缺乏一种数学的思维习惯，没有意识把对象量化、形式化，找出其间的数量关系和逻辑关系，结果一直停留在直观观察的层次上。

即使现代的很多有识之士，包括陈寅恪这样的大学者，都还是忙着论证曹冲称象这则典故的真伪。但关键是中国人在那时已经具有了这个蕴涵着科学规律的直观观察。值得今人认真思考的是：为何几千年来没有人再进一步把它上升为一条科学规律？

中国传统的数学思维或者逻辑推理，一直停留在第一次符号层次上，也就是用日常语言替代直观的形象，所以虽然有闪光点，但是很难概括为一条定律，很难发展成一个科学系统。这样就不大容易找到普遍的规律，也很难进行逻辑推演。数学语言则是第二次符号替代，如用 X、Y 替代所有的变量；而数学运算和数学关系则需要一套特殊的符号，如“$\geqslant$”表示“大于等于”，“$\sum$”表示“相加之和”。如果没有这些符号，单靠自然语言，不仅十分笨拙，而且很多时候很多内容甚至是无法表示的，更无法进行推演。

下面以对当今社会影响最深刻的“遗传学”和“信息论”的发明创造过程为例，来说明数学在科学发现中的作用。

运用数学思维寻找自然规律，这种事例在科学史上比比皆是。孟德尔被誉为“现代遗传学之父”，他的遗传基因发现过程，就是成功利用数学思维的典型事例，具体地说，数学思维就是量化、符号化和统计规律。以下简单介绍一下他的实验过程。

孟德尔做过这样一个实验：把一种开红花的豌豆种和一种开白花的豌豆种结合在一起，第一次结出来的豌豆开红花，第二次红白相间，第三次全白。孟德尔对此没有充分的理由做出解释。后来，孟德尔通过豌豆杂交实验结果得出了相对性状中存在着显性和隐性的原理。虽然还有不少例外，但它仍然是一个原理。

孟德尔根据自己在实验中发现的原理，进一步作了推想。他认为决定豌豆花色的物质一定是存在于细胞里的颗粒性的遗传单位，也就是具有稳定性的遗传因子。他设想在身体细胞里，遗传因子是成双存在的；在生殖细胞里，遗传因子是成单存在的。例如，豌豆的花粉是一种雄性生殖细胞，它们是成单存在的。在豌豆的根、茎、叶等身体细胞里，遗传因子是成双存在的。这就是说，孟德尔认为可以观察到的花的颜色是由有关的遗传因子决定的。

如果用 R 代表红花的遗传因子，它是显性；用 r 代表白花的遗传因子，它是隐性。这样，豌豆花色的杂交实验，就可以这样解释：

红花 × 白花
（纯种）　　RR　rr（身体细胞，遗传因子成双存在）
↓　　↓
R　　r　　（生殖细胞，遗传因子成单存在）
\　　/
Rr
（杂种）　　红花

因为杂种的遗传基础物质是由 R 和 r 组成的，因此，它的后代就可能出现白花（rr）了。这就是说，隐性的遗传因子在从亲代到后代的传递中，它可以不表现，但是它是稳定的，并没有消失。现在，遗传学上把这个遗传因子或遗传单位，叫做基因。研究基因的科学就是遗传学。基因学说就是现代遗传学的中心理论。

很明显，基因概念是孟德尔利用数学统计、根据符号运算而推想出来的。虽然当时他并没有提出“基因”这个科学名词，但是他的观察直接导致了基因的发现。孟德尔认为遗传单位（基因）具有高度的稳定性。一个显性基因和它相对的隐性基因在一起的时候，彼此都具有稳定性，不会改变性质。例如，豌豆的红花基因 R 和白花基因 r 在一起，彼此不会因为相对基因在一起而发生变化，在一代一代的传递中，R 和 r 都能长期保持自己的颜色特征。

中国古人也一直在种豆子，但是没有孟德尔这种量化思维，即缺乏数量统计和形式化，只能留给我们一些诸如“种豆南山下，草盛豆苗稀”这样优美的田园诗句，而不能创造造福人类的遗传学。

信息论是改变今天世界的一门重要科学，被认为是人类最伟大的100个发现之一，它的创始人是香农。香农从事教育主要在数学和工程学方面，但是他的研究兴趣非常广泛，包括遗传学、电路开关等。他的最突出的发明就是把各种信息用数字来编码，包括将语言文字、图画、声音转换成二进制的数码，这就是一种不可思议的、超乎想象的数学思维的结晶。数学本来是研究数量、几何图形的学科，香农则大胆推广，把数学思维应用于直观的、形象的事物，一切具有信息的事物都可以用数字来表示。这是对我们影响最深刻的计算机技术的基础，大家常用的数码相机、数码音响设备等，都是这种思想的产物。

很多重大科学问题的提出，都与有没有数学敏感性有关。数学的两类研究对象，即数量和几何图形。上面谈的是根据数量而发现的科学规律，下面再讲两个根据几何图形所做出的重大科学发现。

几乎每个家庭都有地图，每个人都不止一次地看过地图。我们就讲两个科学史上与看地图有关的科学发现。

第一，近代数学三大难题之一的“四色定律”。它最先是由一位叫Francis Guthrie的英国大学生提出来的，他在看地图时提出这样一个设想：任何一张地图只用四种颜色就能使具有共同边界的国家着上不同的颜色。用数学语言表示，即“将平面任意地细分为不相重叠的区域，每一个区域总可以用1、2、3、4这四个数字之一来标记，而不会使相邻的两个区域得到相同的数字”。一个多世纪以来，数学家们为证明这条定理绞尽脑汁，所引进的概念与方法刺激了拓扑学与图论的成长、发展。1976年美国数学家Appel与Haken宣告借助电子计算机获得了四色定理的证明，这为用计算机证明数学定理开拓了前景。

四色定理深刻影响了现代数学的两个重要分支——拓扑学和图论。

第二，大陆漂移学说。大陆漂移学说是魏格纳（1880～1930年）在1912年一篇重要的学术论文中提出的，并且在1915年出版的一部专著中加以发展和完善。人们几乎立刻就意识到了这个假说潜在的革命性质，因为它要求对地理学的全部基础进行重新思考。魏格纳提出的大陆漂移学说长期以来处于理论革命阶段，直到20世纪50年代中期，被不断发现的新证据才越来越对大陆可能运动的假说有利。但直到20世纪60年代，一场地球科学革命才真正发生。启发魏格纳提出大陆漂移学说的是世界地图的几何形状，一次他躺在床上观看贴在墙上的世界地图，突然一个闪念，非洲与南美洲的海岸线正好吻合，他设想，也许曾几何时这两个大陆是连在一起的，是某种力量让它们逐渐分开的。

科学是以问题作为推动力的，没有问题的学生不会是好学生，没有问题的学界不可能出大师。一个好的问题的提出，可以激发一代人，甚至激发跨世纪的思考。而很多问题的提出都是与数有关的，有些是自然现象的数量关系，有些则是数本身的关系。例如，著名的哥德巴赫猜想为“每个不小于6的偶数都可以表示为两个奇素数之和”。这个问题提出已经近300年了，还是没有人能够证明。虽然如此，对这个问题的思考，还是大大推动了数论的发展。

中国传统由于缺乏数学思维，或者说数学思维比较弱，因此提不出具有深远科学意义的问题，这也是影响科学发现、创造的原因之一。中国就没有像西方学术界那样提出有价值的问题，使得几个世纪的人对之如痴如醉，引起科学思想领域的一场又一场革命。

然而在社会科学领域里，中国则有类似的现象。先秦诸子百家争鸣，是中国思想史的黄金时期，它的起因是孔子提出了一个问题：如何为无道的社会寻找出路？儒、道、墨、法诸子百家思想，都是在思考这个问题的过程中发展起来的。

不论是社会科学，还是自然科学，中国要出现世界级的大师，就必须关注当今国际学界最前沿的问题，给出独创性的解决方法，做出自己的发明、发现。中国学术界在这方面还没有真正与国际接轨，与人家关心的问题不同，就不能真正与人家对话。

我们与国际在数学思维方面的差距，也可以从作家的素质上，特别是大众的喜好上，表现出来。2010年秋季，我参加了由斯坦福大学数学系和统计学系联合举办的一次纪念活动，是纪念 Martin Gardner（1914～2010 年）的，他是数学家，也是一位科普作家，写过大量的科普作品（如《啊哈！原来如此》），还创作诗歌，同时在哲学和宗教方面也有着突出的贡献。在此之前，我并不了解这个人。参加者包括大学的教授、学生，还有周边社区的老人和中小学生，由此可见，Martin Gardner 在社会上的影响之大。

在中国，我还没有听说哪位出名的作家，特别是那些最受群众欢迎的作家群体，能够写科普作品，尤其是一个人兼作家和科学家双重身份，并做出突出贡献的。看看我们现在出版最畅销书的作家群，其实是很令人担心的，他们的作品不要说是否包含什么科学因素，就是事理都很难说得通。少数人偏好某种风格并不重要，但一个国家的作者群体如果都是如此，就反映了大众的思维水准究竟如何。

在《中国科学技术史》中，李约瑟提出：尽管中国古代对人类科技发展做出了很多重要贡献，但为什么科学和工业革命没有在近代的中国发生？这被称为“李约瑟难题”，也是中国科学技术史的中心论题。李约瑟的个人见解是中国长久没有发展了，没有腓尼基人和希腊人早期的城邦和现代城市，没有要为生存而互相竞争的环境。李约瑟把问题归结为中国的社会环境和政治制度，但是我认为，这只是外在的现象，更深层的因素是内在的思维传统。

不少人都有一种谈数学色变的反应。从小学到大学，一直都能对数学保持兴趣的人那是少而又少，在所有的数学考试中都能留下美好回忆的人更是凤毛麟角。这与数学本身的抽象性有关，也与我们的数学教学方式不无关系。很多学科的学者，特别是人文社会科学领域的，早就对数学深恶痛绝了，哪里还能想到利用数学的思想方法来探讨自己领域的新问题？我下面举两个我个人观察到的事例，来看西方是如何从小培养人们的数学兴趣和数学思维的。

美国小学教授儿童数学的方式与我们的大不一样，他们不把时间用在反复的加减乘除的机械演算上，而是把学生带出课堂，观察现实中、自然界里的各种数量表现，让学生感受数量观念的直观形象意义。我们的数学老师大都是变着花样、拐弯抹角给学生出各种各样令人头疼的问题，以此来判定学生聪明还是不聪明。比如，姜昆的相声里曾经嘲笑的一道数学题目就很能代

看到苹果落地的人很多，为什么只有牛顿发现了万有引力定律？除了个人的悟性外，还与他所处的那个时代人们所关心的科学问题不无关系，也与牛顿自己的数学思维有关。

表中国的数学教育理念，这道小学数学题目是这样的：一个水池可以盛5吨水，一个水龙头以每小时2吨的速度往里灌水，另外一个水龙头以每小时1吨的速度往外排水，多少时间可以把这个池子灌满？姜昆的评价是，这不是吃多了撑的吗？这当然是一种智力游戏，没有什么实用价值。其实，几千年来，中国一直没有发展出系统的数学思想，像几何、代数、三角这些数学分支，几乎没有我们的声音，这与中国传统数学一直没有摆脱游戏有关。有些数学思想确实来自游戏，如概率论的基本概念来自赌博，但是作为一门科学分支，它必须摆脱赌博的思想束缚。根据我的观察，如果面对同样一种现象，美国人会这样来出数学题：雨季来临，池塘开始存水，第一天上涨了3厘米，第二天上涨了5厘米，第三天上涨了13厘米，第四天上涨了98厘米，第五天上涨了9厘米。让七八岁的小朋友说出，哪一天出现了反常现象。这样锻炼出来的学生，逐渐掌握了用数量来发现新现象的能力，而不是简单的机械演算。这只是一个简单的对比，但是它蕴涵的道理却不简单，可以说明为什么中国的教育难以培养出影响世界的数学大师。中国的数学教育的重点主要是放在“折腾数字”、“折腾学生”上，而美国的数学教育的重点则是放在培养学生利用数量发现问题上。

还有一种现象给我留下了深刻的印象。斯坦福大学每年4月的第四个周末为“数学节”，场面布置得特别喜庆，彩旗飘飘，音乐悠扬，设立各种各样的区域，有从小学到大学的各种级别的数学问题，答对当场发奖，完全是种公益事业。除了本校的大学生外，社区里的家长带着小孩儿来参加，熙熙攘攘，就像咱们赶庙会一样，热闹程度不亚于现在每个中国城市的商业街。我在思考这样的问题，世界上有多少地方是把一门科学作为节日来庆祝的？想到这个点子的人，多么功德无量！大众的热情，反映出的是什么样的群众素质？这样的国民会有一种什么样的力量？！

数学思维水平既取决于数学教育，又取决于对数学的自觉应用。凡是上过中学的人都接受了大量的数学教育，如果能把这些数学知识变成一种自觉的意识，那么整个大众的思维能力就会提高。这样的群众基础，特别是具备数学思维的研究者群体，才有利于大师的出现。

14

教学方式与师生的智商

根据学生的课堂表现、喜好、要求，可以将不同的学生群体划分为不同的智商等级。

据一份调查显示，世界著名大学的学生拥有一个共同特点，那就是对常人觉得抽象的、没意思的东西，他们却兴味盎然。这显示他们有望日后在某个学科领域中做出贡献。这个观察也许有几分道理。

鲍鹏山在《孔子是怎样炼成的》一文中讲到，孔子幼时就显示出超人的智慧，预示着他日后将成为伦理道德的宗师和文化巨匠。即使在今天，他的一些伦理道德准则，也具有普世的价值。那么，孔子小时候到底显示出哪些与众不同的地方呢？

《史记·孔子世家》记载：

> 孔子为儿嬉戏，常陈俎豆，设礼容。

一般小孩常玩的游戏是什么？过家家，捏泥人，玩小动物，摆积木。孔子感兴趣的则是祭祀时的器皿摆设和礼仪，程序复杂，有很多规矩，一般小孩也搞不懂，因而也不会感兴趣。

孔子的智力类型，或者说智商，与常人不一样，《史记·孔子世家》中一段记载更能充分说明问题：

> 孔子晚而喜易，序彖、系、象、说卦、文言。读易，韦编三绝。曰："假我数年，若是，我于易则彬彬矣。"

《周易》是一本什么样的书？这是一本古代典籍中最抽象、最难懂的天书。先用阳爻（——）和阴爻（— —）表示阴阳，将上述阴阳爻由下往上重叠三次，就形成了八卦，再将八经卦两两重叠，就可以得到六个位次的易卦，共有六十四卦。古人用它来预测未来、决策国家大事、反映当前现象，上测天文，下测地理，中测人事。其中的阳爻和阴爻与现在计算机的二进位制语言原理有相似之处。且不要用今天的科学标准来评判它，就抽象性、系统性、严谨性以及作用来说，《周易》相当于现在的数学、物理学、天文学、气象学。放在今天，不算那些靠它们吃饭的专家学者，现在能有多少人会自觉地对数学、物理这些学科感兴趣？可是，孔子喜欢到什么程度？手不释卷，以致把串竹简的牛皮绳子都磨断了三次。更令人钦佩的是，孔子不仅是看，而且是看进去了，还把自己的感受用"序"表达出来，为《周易》作注解。孔子的智慧与常人不一样，他爱书的程度也与常人不一样，他能成为圣人，一半是天生智慧，一半是后天努力。

从对待书的态度上，可以看出有种人不会有大作为，就是把书用来作装饰，就像红木家具一样。买回一本新书，给它漂漂亮亮包上书皮，爱惜如命，轻拿轻放，担心弄脏了，生怕弄破了。平时放在书架上瞻仰，装点门面，昂贵的红木书架总不能空空的，书也是漂亮家具的一部分，用于摆设。斯文一点儿，还加上一个"某某藏"的图章。一年两年都不摸，别人借去一天就寝食不安。这些人爱的不是书，而是书给他带来的面子。

我经常提醒学生，书是你的，不就是那几十块钱吗？在上面写呀，画呀，有精彩的段落赶快画出来，有什么感想赶快记上去。不读不学才是最大的浪费。

读书的时候，别忘了准备好一支笔。阅读的时候，有很多感想、很多启发、很多问题，如果当时不记下来，过后往往很快就忘了。读书不做笔记，不仅成效低，而且也是一种智慧的浪费。

我教了十年的本科生课程，总是担心，专业知识讲深了怕学生听不懂，讲多了怕学生接受不了。在一些大学里，专业课几乎成了娱乐课，课程的好坏，比的不是老师的学识，而是老师的演艺。哪个老师能够逗学生乐，哪个老师就能得到学生的好评。如果一个老师只讲专业知识，让学生觉得枯燥、乏味、头疼，那可够这个老师“喝一壶”的了。因为每到期末，学生都要给老师打分，老师的年终奖、调工资、晋升职称，与学生的打分密切相关。学生们都有一个逻辑，自己听不懂，一定是老师没讲好。这给我造成的最大压力是，如何能把学生逗乐。上课之前要讲一些幽默笑话，让学生提起精神；上课中间要不时抖些笑料，怕学生走神打瞌睡了；结束时还得再给学生些提神的东西，因为怕他们记不住。当大学老师真不容易，既要做学者，又要具备相声、小品演员的才华！

斯坦福大学的学习氛围则截然不同。20 世纪 90 年代我在斯坦福大学读书的时候，经济压力大，一个目标就是尽早拿到学位，除了本专业的功课，无暇顾及别的。这次我来斯坦福大学休假，旁听了语言学系、心理学系、哲学系、数学系、统计学系、工程信息系乃至经济管理学院的课程，很多内容我也听不太懂，就是抱着一个目的，看这些系科的老师是如何上课的，学生又是如何反应的。美国人的幽默感是世界著名的，看看他们的喜剧电影就知道了，几乎占据了世界喜剧电影的市场；日本电影则是占领了严肃电影的市场。我想，这些系科的教授大都是国际知名学者，都是各自领域最有智慧的人，我在之前就有一个想法，要向他们学一些教学技巧，如何把课上得有趣，回去也给学生开些“洋荤”。结果，大大出乎我的意料。

第一，没有一个老师在课堂上讲笑话，也没有一个老师在课堂上讲时下的趣闻轶事。特别是数学课，从头至尾，都是概念、公式、推导，这么抽象的学科，连一个比喻都没有。我上了一门“信息论”，听了两三周以后才慢慢听出些门道，渐入佳境。而且老师也没有任何取悦学生的举措。

第二，他们的 PPT 课件都做得非常下工夫，内容的编排设计，是我教育生涯中见到的水平最高的。但是有一点，他们从来不用任何背景图案，没有花花草草这些东西来装点，全是白色背景，不把任何花哨的与课堂内容无关的东西带入课堂。这是一种文化精神，一种求真的文化精神。

我听过不少国内的讲座，内容好坏不论，起码在 PPT 课件背景图案上特别讲究，花样翻新，很有创意。我几乎没有见过一个是用白色背景的，除非个别懒人。这是一个非常小的对比，可能折射出东西方学者的差别：西方追求实质，东方讲究门面。

在斯坦福大学的各种系科的课堂上，老师专注地讲授自己的知识系统，学生静静地听，只是偶尔有学生在什么地方听不懂问一下老师。我特别注意观察学生的状况，我上了这么多课，没见过一个学生打瞌睡、开小差、窃窃私语的。

我在斯坦福大学听过各种各样的讲座，包括数学、物理学、统计学、生物学和计算机科学，这些学科都抽象难懂。但是，几乎没有一个老师用比喻。在教学中用比喻是一把双刃剑，一方面，用比喻生动有趣，容易引起学生的兴趣；另一方面，用比喻做不到严谨，容易导致歧解，误导学生。

我有一个看法：凡是依赖比喻才能产生兴趣的学生，他们的智商一定不会太高。特别是数学这样严谨的科学，一个学生如果依赖比喻才能产生兴趣，说明他根本不是块当数学家的料，趁早转行。凡是在上课中比喻连篇的老师，恐怕就要牺牲本学科的严谨性和科学性；同时也会令人起疑，这种老师是不是在用华丽的装饰掩盖自己专业上的不足？

我在想，假如一门课或者一场讲座，始终是欢声笑语、掌声不断、笑声不断，那么接受这门学科的学生或者听众智商一定有问题。一个老师，主要靠讲笑话、说故事，特别是不时用些荤料，掺杂些社会上的黄段子，这个老师的业务能力也值得怀疑。任何学科，不论是理工类的，还是人文类的，都是一个理论系统，有一套基本的概念，有很多规则，靠逻辑规则建立起来。学术和娱乐本来就是两个行当，如果把大学作为一个娱乐场所，在教与学上肯定出了问题。

娱乐和学术本来是两码事。一个娱乐圈的人，一旦涉足学术，就不好笑了；一个学术圈的人，一旦跨入娱乐界，就不严谨了。

相声大师侯宝林，大家都熟悉，他有很多经典段子，如《夜行记》、《醉酒》等。但是，这些都是他在年轻的时候说的。后来有一件事情改变了他的命运，那就是20世纪80年代初，北京大学中文系聘请侯宝林为教授，从此以后，侯先生不仅说相声不再逗人乐了，而且还不苟言笑。大家不要误解，这不是侯先生装腔作势，有意摆教授的谱。实际情况很可能是，因为侯先生要给大学生上课，要讲相声的历史沿革、写作原理、演说技巧，因为他太投入了，让这些不好笑的东西占满了大脑，好笑的也就说不出来了。当时就流传这样一句话：北京大学多了一位教授，全国人民少了一位笑星。

我特别喜欢看央视的春节联欢晚会，从1983年开始到现在一次没错过，而且还把光碟买回去，在搞科研之余，没事偷着乐。20世纪80年代、90年代，我最喜欢陈佩斯的小品；新世纪以后，我最喜欢赵本山的小品。最近三年又出了个小沈阳。他们给全国人民带来很多快乐，我由衷地佩服他们的天才演技。但是这三个人有个共同特点，都是中小学毕业。我一直在担心，他们可千万别顶不住压力，在讲文凭的时代，去考个什么学士、硕士或者是博士。中国的博士已经实现了“大跃进”，绝对人数早就赶超英美，已经供大于求了，然而这种极品级的笑星全国就那么几个。假如让赵本山、小沈阳去读个博士，我敢打赌，这将是春晚的一个灾难，大众的悲哀。春晚的收视率会大大下降，全国人民的乐趣会大大降低。要造就一个笑星不容易。第一，最理想的学历是中小学毕业，不能超过高中，而且还不大会读书；第二，要有丰富的生活阅历；第三，具备天生的表演才华。所以，那些想“笑一笑、十年少”的人们，应该像爱护国宝那样爱护他们。

然而，话又说回来，如果一个国家的大众只能欣赏这类娱乐，也说明一个问题：大众的抽象思维能力、科学分析水准比较低。我这话说得直了一点儿，希望任何人不要对号入座，不要激动，去冷静思考一下，看我说的有没有道理。

讲一件事情，看我们大众的思维与美国普通人之间有没有差别，暂且不论高低。我买了一本书叫做《人类最伟大的100个发现》，这本书是由美国广播的故事节目整理而成的。这些故事就像刘兰芳的评书《说岳全传》一样，令很多美国人如醉如痴，这个讲故事的人有400万粉丝。故事里讲的都是这些发现的过程和原理。我们每个人都应该去想一下，如果在中国有人去讲这些故事，会有多少人去听。咱们中国有没有这么一位作家，既写小说又写科普读物？有没有这样的讲故事的人，既能讲《三国演义》，又能聊数学演绎？迄今为止，我没有听说国内有这种“兼才”人物。

孔子的说话方式明显有别于孟子。为什么？其中一个原因是，他们面对的听众的素质大不一样。孔子面对的都是些才华横溢的学生，所以他的话通常都是直奔主题，点到为止，很抽象很深刻，很少用比喻，更不用什么寓言故事。像子贡、子夏、曾子这些学生就是高才生，聪慧过人，老师一点就通。然而孟子面对的是国君大臣，这些人的地位都是世袭的，即使有个把智商高一点儿的，也因为贪图安逸不愿意动脑子，不想看书学习，所以孟子谈话就打很多比喻，讲很多有趣的故事，苦口婆心，摆事实讲道理。即使这样，那些国君大臣也不一定能完全领会孟子的精神。

一个六七岁以上的小孩，喜欢玩积木、捏泥人、画动物，是一种特长；但是只喜欢这些，对抽象的东西不感兴趣，那么大人就不要期望太高了，将来做一个熟练的技术工人没有问题，成为学术文化大师的可能性不说完全没有，起码微乎其微。如果一个十几岁的小孩还是沉浸在这些形象的娱乐中，大人就要警觉了：是不是智商有问题？

寓教于乐是不是一条普遍的教育规律？不一定。从幼儿园到初中，讲究这个没错，因为这与孩子的智力特点相符。到了大学以后再谈这个，大学的教育还强调寓教于乐，师生的智商轻则受到压制，重则受到伤害。我读了耶鲁大学、普林斯顿大学等学校的校长对学生的开学讲话，一个忠告就是：“做好思想准备，过几年苦行僧的生活，多尝试那些看上去枯燥乏味的学科。”2010年我在斯坦福大学访学期间，旁听了多个系科20余门课程，没有发现一门课程采用寓教于乐的教学方式。如果一个学生发现不了某一学科本身的乐趣，说明你选错了课；如果发现所有大学开设的课程都没有意思，说明你就不该来上大学。

斯坦福大学工程学院大厅的橱窗里，摆着两本打开的电子工程的专著，里面全是抽象的符号图表。那就是在告诉每一个新来的学生：如果你能欣赏我的美，那就爱上我吧；如果不能，请离开我吧。

斯坦福大学工程学院大厅的橱窗里，陈列着两本该校教授的著作。展示给学生看的，不是漂亮的封皮，厚厚的书卷，而是抽象的图表公式。这是在告诉新来的学生，仔细看这些抽象的符号，里边有许多瑰丽多姿的景观。

科学和娱乐，是两种本质不同的东西，适合于具有不同类型的智力特点的人群。

15

东西方看待“优秀”的标准差异

东西方评价好学生和坏学生的标准，深深受到各自传统文化的影响。

2011 年 5 月 12 日，斯坦福大学宗教学系的资深教授 Lee Yearley 作了一个讲座，谈儒家文明与基督教文明对“优秀”的理解差异。人往高处走，水往低处流，从追求上进，追求卓越，是人类的天性。但是如何看待“优秀”，鼓励人朝哪个方向努力，不同的文化，差别很大。Lee Yearley 教授作了很好的概括，我深有同感。他讲的不一定全面，甚至不完全对，但是借鉴价值颇大。下面的要点是 Lee Yearley 教授提出的，说明部分是我凭自己的记忆和理解做出的。如何了解我们自己的行为，下面这些观点非常具有启发性。

在儒家文明中，人们主要从以下四个方面来衡量一个人是否优秀。

(1) 自知意识。这指的是一个人对他人的反应敏感，及时调整自己的言行，知道哪些事该做，哪些事不该做，能否给人以成熟感。孔子就特别注重别人对自己的感受。一次子路问：“愿闻子之志。”孔子回答说：“老者安之，朋友信之，少者怀之。”(《论语·公冶长》) 孔子最关心的是自己在老中青三代心目中的形象。

(2) 仁德。关爱别人，对不幸的人怀有同情心，有恻隐之心。孔子认为“仁”是一种最高的道德境界，他自己都不敢当，最好的学生颜回可以连续三个月做到这一点，其他学生仅仅偶尔可以做到而已。

(3) 适宜性。这有两层含义：一是明白自己的社会角色，做适合自己职位的事情。孔子说的“不在其位不谋其政”就是这个意思。二是讲究谦虚，在不少中国人看来，谦虚可以解决一切社会矛盾。现在很多人的生存之道就是低调，我国自改革开放以来所采用的韬光养晦的政策，都是这种价值观的反映。孔子自己以身作则，一次孔子说：“君子有三个特点，仁者不忧，知者不惑，勇者不惧，但是我做不到。”子贡最了解老师，知道老师这是在谦虚，说道：“老师，您说的就是您自己呀!”(《论语·宪问》)

(4) 义气。这是孟子谈得最多的一个概念，该做的事情要有勇气去做，大丈夫顶天立地，敢作敢当。这是儒家思想中有血性的一面。

在西方文明中，人们主要从以下七个方面来衡量一个人是否优秀。

(1) 实用的智慧。各行各业都有能工巧匠，现实生活中处处都需要智慧。西方把这些作为衡量一个人是否优秀的首要标准，然而儒家文化则是歧视这些方面的人才。孔子自己不仅“四体不勤、五谷不分”，而且也反感那些想学具体技术或者身怀技艺者。樊迟提出要学农业，孔子称他为小人；冉有身怀各种技艺，孔子也不喜欢，后来干脆开除他的学籍。孔子提倡“君子不器”，就是指君子不能像器皿一样，只有具体的用途。这种价值观最突出地反映在《三字经》中，它大量歌颂读书做官的、写诗文的，然而只字未提这些能工巧匠、发明创造者。这种价值观对科学技术的发展十分不利。

(2) 节制。这与儒家所谈的“中庸”似乎有点关系，但是它们的侧重面有所不同。“中庸”强调的是做事的“度”，既不要“过了”，也不要“不及”，理想的状态是“正好”。基督教文明中的“节制”主要是就情感而言的，人有各种欲望，如物质欲望和性欲，还有恐惧、激情，这些都需要节制，否则有害于身心健康，甚至导致犯罪。

(3) 勇气。西方人很有冒险精神，为自己的信念而勇往直前。这是他们所称颂的人格，好莱坞的大片不少都是宣扬这种精神的。

（4）信念。信念是个抽象的东西，不同的社会、不同的文化、不同的个人会有不同的信念。西方人所提倡的信念一般是个人价值的实现，个人智慧的施展。这大概相当于儒家中的“志”，孔子提倡：“三军可夺帅也，匹夫不可夺志也。”（《论语·子罕》）曾子又说：“士不可以不弘毅，任重而道远。”（《论语·泰伯》）但是这些先哲所谓的“志”，主要是改变当时无道的社会，恢复周朝的礼乐制度。这种志气具有明显的时代性，今天则需要一种没有时空限制的适合于任何个人的普遍志向。

（5）希望。对将来的预期决定今日的行动。一个人没有希望，也就不可能有精神去做事。没有希望的人最容易破罐子破摔。希望也不能太高太遥远，如果觉得目标太渺茫，也很容易气馁。一个好的社会，总是让每个人充满着希望，让大多数人能够梦想成真。

（6）公正。这是儒家文化中缺少的东西，我们的传统文化注重的是秩序和等级，强调的是服从和礼让。西方强调的是竞争，那么要竞争就必须讲公平。没有公平的竞争实际上就是巧取豪夺、尔虞我诈。公平竞争是保证商业和科学技术发展的关键。

（7）慈善。慈善就是对绝大多数人的关爱，既包括精神上的，也包括物质上的。儒家提倡的仁爱也包括这一点。一次子贡对老师说：“如有博施于民而能济众，何如？可谓仁乎？”孔子说：“何事于仁，必也圣乎！”（《论语·雍也》）但是这种精神今天到底还保存了多少，值得人们深思。

概括地说，儒家文化所谓的“优秀”主要是道德品行方面的，注重的是人际关系；然而西方文化所强调的是个人才能，关注的是自我价值的实现。

怎么样评判好学生和坏学生，关系到人才的培养，大师的造就。中国是世界上教育历史最长的国家之一，也是当今学生最多的国家，但是很少有人冷静地思考这个问题。让我们以历史上最著名的“好学生”和最著名的“坏学生”为例，来剖析中国教育中存在的问题。

被名人夸过的，可以万古流芳；被名人骂过的，则遗臭万年。

颜回是孔子树立的好榜样、道德标兵、学习模范，美名传万古；宰予则是孔子认定的坏典型、反面教材，成了后世学生的反面教材。即使今天八九岁的小孩很多都能背诵下面一段：

宰予昼寝。子曰："朽木不可雕也，粪土之墙不可圬也，于予与何诛。"（《论语·公冶长》）

孔子骂得太精彩了，太痛快淋漓了，几乎每句话都是名句格言，都是成语。孔子心中的千言万语，可以概括成一句话：宰予，你是个垃圾，我都找不到更难听的话来骂你了！

孔子的激烈反应让后世不解。汉代王充都认为孔子对宰予太刻薄了，睡了一个懒觉，不算太大的罪过，何至于被骂成"粪土"？今人鲍鹏山认为，可能孔子对宰予有成见。

司马迁在《史记·仲尼弟子列传》中给我们揭开了这背后的谜底。其中关于宰予的事迹，前两段是这样的：

宰予字子我。利口辩辞。既受业，问："三年之丧不已久乎？君子三年不为礼，礼必坏；三年不为乐，乐必崩。旧谷既没，新谷既升，钻燧改火，期可已矣。"子曰："于汝安乎？"曰："安。""汝安则为之。君子居丧，食旨不甘，闻乐不乐，故弗为也。"宰予出，子曰："予之不仁也！子生三年然后免于父母之怀。夫三年之丧，天下之通义也。"

宰予昼寝。子曰："朽木不可雕也，粪土之墙不可圬也。"

司马迁把孔子骂宰予那段话大大缩减了，前面则是详细记载了宰予与老师之间的一场辩论。这样，读者很容易在这两件事之间产生联想，觉察出其间的因果联系。《论语》也有关于宰予与老师辩论的记载，不仅在文字上有所出入，而且放在《阳货》一章，使人们不容易在两件事之间产生联想。孔子的弟子编写《论语》，看似编排没有章法，内容编排上有些乱，实质上也经过精心剪裁，有明显的为老师讳的味道。

宰予对老师提出的父母去世服丧三年的主张，提出了自己的看法。他的理由有两点。

第一，对精神文明建设不利。君子三年不习礼，不练乐，必然导致礼坏乐崩。

第二，对物质生产有害。春种秋收，三年不从事农业生产，吃什么呀？

所以，宰予认为服丧一年就够了（期可已矣）。

孔子反对的理由也有两条：

第一，小孩出生后，在父母怀抱三年才离开（大概是指母亲喂奶要喂三年）。

第二，服丧三年是天下共同执行的准则。

如果我们把这看做一场辩论赛，主题是“父母去世要不要服丧三年”。正方是孔子，反方是宰予。任何一个读者，让你做裁判，你如何判定？我给宰予的分数是 100 分，给孔子的则是 30 分。

宰予是不是有意和老师过不去？不是的。宰予清楚，老师最痛心的是当时礼坏乐崩的现实，梦寐以求的是恢复周朝的礼乐制度。然而宰予发现老师的远大理想与他的具体政策之间有矛盾，君子服丧三年这个规矩是有碍于这个远大理想早日实现的。宰予才是孔子真正的好学生啊！被打成“反面典型”，宰予不仅没有怨恨，反而在孔子死后，积极倡导老师的理论，与子贡一起把孔子推向圣坛。

宰予是个善于思考、敢于质疑的学生。他还提出很多问题，敏锐，犀利，让老师感到头疼。下面略举数例，以飨读者。

《论语·八佾》记载，一次鲁哀公问宰予，祭祀土地神的牌位用什么木料。宰予答道：“夏后氏以松，殷人以柏，周人以栗，曰使民战栗。”孔子听说了以后非常生气，说：“成事不说，遂事不谏，既往不咎。”令孔子不悦的是，宰予解释周朝用栗木，目的是让老百姓战栗。当然，宰予的说法有些牵强附会，难道夏朝用松树就是让老百姓“松松垮垮”吗？其实，宰予的说法并不是他的独创，是从他的老师那里学来的。孔子也曾经以谐音来解释字词的含义。一次季康子问孔子怎么样搞政治，孔子说：“政者，正也。”你自己身正，别人怎么敢不正？孔子的话一样牵强，难道政治家该做的，就是做一个道德模范，自己管好自己，整个国家就自然而然治理好了？这种解释也太简单了，也太幼稚了。宰予顶多也是活学活用老师的方法，大概他还期待着老师的表扬呢！没想到老师一瓢冷水泼来。

有一次宰予问孔子：“如果有人告诉仁者，井中有‘仁人’，他会不会跳下去跟随呢?”这又惹恼了孔子，孔子说：“怎么会有这种情况出现呢？君子可以走开，不可以陷害他；君子可以上当受骗，但不可以愚弄他。”（《论语·雍也》）其实，宰予并不是有意刁难老师，他是想落实一下，老师说的话是不是玩真格的，因为老师说过这样的话：“志士仁人，无求生以害仁，有杀身以成仁。”（《论语·卫灵公》）宰予只是想用一个假设，印证一下老师的话。孔子发的真是一些无名之火。

宰予的胆子很大，什么都敢问。根据《大戴礼记》记载，宰予一次问老师：容伊说黄帝活了三百年，请问黄帝是人么？是人，怎么能够活三百年呢？孔子的回答也出乎人们的意料：黄帝活着时人们得到他的恩惠一百年，他死后人们敬畏他的灵魂一百年，他离开人世后人们用他的教导一百年。这不正好三百年吗?

宰予的治理才能，在当时已闻名于各诸侯国。《史记·孔子世家》记载，楚昭王打算把七百里的书社地封给孔子，大臣子西劝阻道：“大王有没有像子贡这样具有外交才能的人?”楚王答道：“没有。”子西接着问：“大王有没有像颜回这样有辅佐才能的人?”楚王回答：“没有。”子西又问道：“大王有没有像子路这样具有军事才能的人?”楚王又说：“没有。”最后，子西问道：“大王有没有像宰予这样具有管理才能的人?”楚王也是说：“没有。”从子西与楚昭王的对话中可以推出，当时社会已普遍认为，宰予是孔子弟子中最有治理才能的，而且是个不世之才，楚国这么一个大国都找不到。

司马迁在《史记·仲尼弟子列传》中着墨最多的三个学生，第一个是子贡，第二个是子路，第三个就是宰予。由此可见司马迁对宰予的偏爱程度。最后，太史公还感慨道：学者多称七十子之徒，誉者或过其实，毁者或损其真。孔子夸奖最慷慨的弟子是颜回，批评最严厉的弟子则是宰予。太史公的话是有所指的。我们整个教育界都应该思考这样一个问题：为了保持一个民族的活力和创造性，我们是更需要颜回这样的“好学生”呢，还是更需要宰予这样的“坏学生”呢?

读了宰予的事迹，我深深地觉得，几千年来中国教育最值得反省之处就在于，太多太多的像宰予这样的学生，被误解、被压制、被扼杀。我从教几十年，想用下面一段话与教育界的朋友们共勉：鼓励有个性的学生，鼓励有自己见解的学生，特别是能够宽容与自己见解不同的学生，我们每个教育者都要不断提醒自己，这是一件很难的事情，连圣人都很难做到，如果我们做到了，那么我们自己就是一个超圣人，即超越圣人之人。

孔子一生中，批评的学生多，表扬的学生少，而且他把表扬的话都给予一个人，这个人就是颜回。

孔子夸颜回最为慷慨，一步到位，把话说得很满，不留余地。孔子就像唱咏叹调那样赞美颜回："贤哉，回也！"家具只有一个竹篮子，一个舀水的瓢，粮食也只剩下那一点儿，住在穷巷子里。谁都受不了，可是颜回却乐在其中。颜回真是一个由特殊材料制成的人，难怪孔子那么称赞他。

因为孔子把颜回捧得最高，所以颜回在后世得到的追封追谥也最高。自汉代起，颜回被列为七十二贤之首，有时祭孔时独以颜回配享。此后历代统治者不断追加谥号：唐太宗尊之为"先师"，唐玄宗尊之为"兖公"，宋真宗加封为"兖国公"，元文宗又尊之为"兖国复圣公"，明嘉靖九年改称"复圣"，山东曲阜还有"复圣庙"。

然而，这些帝王们想没想过这样的问题：孔子为何这么偏爱颜回呢？颜回究竟好在哪里？颜回为何被孔子树为学习模范？在我看来，他是"功夫在诗外"，主要原因并不是在于他学习好。

最重要的是，颜回的学习态度很端正、很认真。

据《论语·子罕》记载，孔子这样称赞颜回："听我说话而始终不懈怠的，大概只有颜回吧！"颜回这种学习态度与宰予白天睡觉相比，那真是天壤之别！作为学生，都有思想开小差的时候，交头接耳，左顾右盼，但是颜回从来不这样。

颜回还有一个特点，就是从来不违拗老师的话，老师说什么就信什么。以至于孔子担心颜回智商有问题，是不是一个傻子："吾与回言，终日不违，如愚。退而省其私，亦足以发。回也，不愚。"（《论语·为政》）孔子观察颜回课后的表现，原来颜回不傻。

颜回达到了另外一个境界，那就是对老师的言论"无所不说（悦）"（《论语·先进》）。孔子认为学习有三种境界："知之者不如好之者，好之者不如乐之者。"（《论语·雍也》）颜回已经做到"知之"、"好之"、"乐之"，达到了孔子所认为的最高境界。

颜回也从来不提有任何难度的问题。如果 10 代表难度系数最高，宰予、子贡这帮人所提的问题，一般都在 8.0 以上，而颜回的难度系数为 0。我们讲过，孔子的教育是问答式的，学生不问他不说，学生问得多他说得多，而且问问题的水准决定孔子发挥的水平。在所有弟子中，问的问题最难、最刁钻古怪的是宰予，问的问题最多、最有水准的是子贡。难怪言语科的这两位高材生都让老师不喜欢。比如，一次宰予问："老师，您不是说'仁者，杀身以成仁'，那么井中有仁人，他们会不会跳下去跟随呢？"自然，被孔子臭骂了一通。子贡不仅问问题的角度多，方式丰富，而且涉猎的面也最广，他问仁、问士、问君子、问古之贤人、问当今的执政者，如此等等，不一而足。那么，孔子见子贡，就像意大利的足球甲级联赛的冠军见到英超冠军一样，神经呼一下就绷起来了，发挥不好就不配"夫子"这个称号呀！相比之下，孔子见到颜回，就像一支欧洲劲旅见到中国足球队一样，精神一下就放松下来了，随便玩玩就不会失面子。

在整部《论语》中只看到颜回提过一次问题，而且是"问仁"，这是大家问得最多的问题之一，一点也不难为老师，因为老师只需把现成的答案从大脑里调出来就行，一点都不费劲。

颜回问仁。子曰："克己复礼为仁。一日克己复礼，天下归仁焉。为仁由己，而由人乎哉？"颜渊曰："请问其目。"子曰："非礼勿视，非礼勿听，非礼勿言，非礼勿动。"颜渊曰："回虽不敏，请事斯语矣！"（《论语·颜渊》）

孔子回答完问题，颜回也不像子路那样没完没了："就这么多吗？"逼着老师再多说一些；也不像子贡那样，不仅诱导老师继续说下去，还让老师分出轻重缓急。遇到子贡这些学生，孔子的神经能不紧张吗？甚至都有些不耐烦。然而，颜回只是问我应该怎么去做，一下子让老师从高强度的智力挑战，回到眼前的现实问题。老师回答完以后，颜回还像今天朋友之间写信一样，客客气气，恭恭敬敬，对老师表示感谢："回虽不敏，请事斯语矣！"宰予、子贡这些人可没有这么好的修养，有时候话没有听完就走开了，很不礼貌！孔子与颜回谈话，那是放松、放松、再放松，爽啊！

颜回听老师谈话，总是目不转睛，专心致志，不左顾右盼，不交头接耳，也不说一句话，以至于孔子认为他是不是傻了。然而颜回很聪明，最知道老师什么时候爱听什么话。下面是两个典型的案例。

公元前497年，孔子周游列国的第一年。孔子一行在卫国停留十个月后，打算前往陈国，途经匡（今河南省长垣县）这个地方。孔子长得像阳虎，因为阳虎残害过匡人，所以人们就把孔子一行围困起来。这是孔子周游列国时遇到的第一次重大危机，《论语》有两处记载，《史记·孔子世家》也详细记录了这件事。孔子每遇到重大危险时，常以先贤和天命来鼓励自己："文王既没，文不在兹乎？天之将丧斯文也，后死者不得与于斯文也；天之未丧斯文也，匡人其如予何？"（《论语·子罕》）孔子认为："君子有三畏，畏天命，畏大人，畏圣人之言。小人不知天命而不畏也，狎大人，侮圣人之言。"（《论语·季氏》）但是遇到匡地这种情况，谁都担心。《论语》两处提到"子畏于匡"（《子罕》、《先进》），可见孔子还有第四"畏"：畏匡人。

孔子和颜回在这次劫难中失散，五天以后，颜回赶上来，找到了队伍，孔子说："吾以汝为死矣。"颜回的回答实在惊人："子在，回何敢死！"（《史记·孔子世家》；《论语·先进》）我认为，这句话可以列为古今肉麻话大全前三名。谁说颜回傻，否则怎么会说出如此让老师中听的话呢？

颜回总是中头彩，因为他掌握了一个答题的秘诀：总是最后一个出场。在能看到的文献中，孔子问众人问题时，颜回全部是殿后。这可是个聪明绝顶的选择。孔子教学都是问答式的，他一个个问学生问题，每个学生回答完后，他都要表态；很多时候，不表态也是一种表态，就是老师对你说的不以为然。而且，孔子每次总是要选择一个自己比较满意的。

这就好比现在考试中的客观选择题，一个问题有四个选项，其中只有一个为正确答案。如果大家都不懂，完全瞎蒙，第一个回答的人最吃亏，只有1/4答对的概率。老师告诉不对。第二个出场则有1/3答对的概率，老师再告诉不对。第三个出场的就有1/2答对的概率，老师再摇头。第四个出场的就有100％的胜算概率。

这就是颜回悟出来的答题技巧。最后一个选择，大大提高胜算的概率。

颜回虽然被捧为好学生，后世又把他尊为"复圣"，但他一生的功业，根据《史记》记载就是四个字"颜回问仁"，这也是孔子的学生问得最多的问题。学校里的好学生在学校取得的成绩与走向社会后的业绩相比，往往有巨大的落差。这也是古今的共同现象。

在孔子学院里，颜回是个学习模范，宰予则是个反面典型。颜回万古流芳，宰予落得千古骂名。我们今天应该深思的一个问题是，一个社会要保持活力和创造性，要屹立于世界民族之林而不败，是更需要颜回这样的“好学生”，还是宰予这样的“坏学生”？

16

学习是一个探险的旅程

我在不少大学讲过学，学生常问我的一个问题是："能不能给我们一个忠告?"我的回答是："把大学学习看做一个探险的旅程。"一些学生让我赠言，我也是这么说的。这个问题的头绪很多，让我先从中华民族的大圣人谈起。

孔子之所以能够成为大圣人，万世师表，与他的学习态度非常有关。

> 达巷党人曰："大哉孔子！博学而无所成名。"子闻之，谓门弟子曰："吾何执？执御乎？执射乎？吾执御矣。"（《论语·子罕》）

达巷党人感叹孔子的学问之大之博，但是不靠某一个专门学科而成名。孔子跟他弟子说的话实际上是一个比喻。"是驾马车呢，还是射箭？我选择驾马车"，这到底是什么意思？驾马车和射箭是当时的两种专门技艺，都属于六艺（礼、乐、射、御、书、数）中的一种。射箭是站在一个地方，瞄准靶子，每天看到的就是那一个小小的箭靶。然而驾车，一路上的好风景看也看不完，各种风土人情、趣闻轶事，听也听不过来。在那个时代，很多学科还没有产生，人们的知识主要从社会上获得。一个马车夫的见识一定远远多于一个弓弩手。

我在《非常师生》中分析到，孔子周游列国并不是谁强迫他的，完全是出于自己的选择。上面这段话也道出了做出这种选择的其中一个因素。周游列国的14年，孔子狼狈不堪，险象环生，累累若丧家之犬。假如没有这14年的磨难，孔子对社会的理解也不会那么深刻，思想也就不会那么精髓丰富，也就不会成为一个圣人。

斯坦福大学的商学院在美国也是数一数二的，培养出了许多大企业家。老院长Robert Joss教授给经济管理学院的学生作了一次报告，其中一个忠告就是："不要停留在令你舒服的环境中时间太久。"的确，一个人要成就一番事业，就要有点儿跟自己过不去的精神，敢于挑战自己。

Robert Joss院长这句话适用于各个行业，各个方面。在大学期间，一个学生如果一直选修那些容易的、能拿高分的课，很可能一辈子就停留于"好学生"这个荣誉称号，这些学生走出校门后往往表现平庸。然而一个学生敢于挑战自己，涉足自己完全不懂的领域，虽然已经尽了最大的努力，殚精竭虑，最后的成绩可能平平，甚至差强人意，但是这门课对他们智力的挑战、对知识结构的冲击和日后的意义则可能是巨大的，或许可以启发他们在某领域做出突出的贡献，使他们受益终生。

有一个统计，在诺贝尔奖获得者中，绝大多数的大学学习成绩都是B。牛顿和爱因斯坦小时候甚至被老师认为是问题学生，成绩不好，又不循规蹈矩。然而那些成绩都是A者，后来做什么都很少有人知道。这是很正常的。那些敢于挑战自己的学生，容易被看成离经叛道，一般不会在学习成绩上表现自己，而科学真理正是青睐于这些离经叛道者。

一个学生的成绩单清一色是A，另一个学生很多是B，甚至还有更低的。假如一个招工单位就此判定第一个学生优秀，淘汰第二个学生，就说明招工者根本不懂教育。我们现在有太多这样思维简单的人，以分数论英雄，不知埋没了多少人才。

同样一所大学，有人成才，有人平庸。区别就在于你如何看待大学生活，如何利用大学中的机会，采用什么样的学习策略。

有人把大学看成一个公园，来这里闲庭信步，游玩观赏，风花雪月，花前月下，夜夜笙歌，灯红酒绿。那么上大学、读研究生，就如同逛了一次公园，留下的只是几张照片和一段回忆。

有人把大学看成瑰丽多姿的奇幻世界，那里的天空辽阔而深邃，智慧的光芒普照大地，真理之美装点着江山，兴奋地徜徉其中，好奇地观赏五光十色的真理之美，不懈地探索、追求隐藏的真善美，让更多的神话变成现实。那么，这个人就是一个游离过仙境的人，会给人间带来一段美丽的传说。

常人一般是“用什么，学什么”；善于学习者则是“学什么，用什么”。这两个学习策略，表面上仅仅是顺序颠倒，而实际效果大不一样。第一种策略，受制于人们的知识和环境，知道什么地方不足然后弥补起来固然有用，但是作用很有限，因为还有许许多多更有用的知识，只是自己不知道而已，因此就不去学了。第二种学习策略则是在学习之前，完全不知道它会有什么用，只是兴趣驱使，先学学再说，结果很可能有惊喜的大发现和自己意想不到的效果。

先看看菲尔兹奖获得者丘成桐。他是哈佛大学数学系的教授，不仅是别人说他优秀，他自己也承认。2010 年 12 月 9 日，丘教授来斯坦福大学讲学，介绍他的“线性理论”（string theory）和“看不见的宇宙维数几何”，我作为“门外汉”也去听了。他的开场白是：“我很骄傲地被斯坦福大学邀请来讲座，希望大家也为我的到来而感到骄傲。”第一句恐怕是客套话，第二句才是他的真心话。这是我见到的“第一牛人”，我是第一次也是唯一一次遇到这样的演讲者，让观众为他的到来而感到骄傲。别说讲究含蓄内敛的中国文化中没有人这样说，即使在强调个人主义的西方文化我也没有听过第二个人敢这样说。

丘教授这样说，那是有资格呀！而且也是大实话，我确实为能够有机会参加丘教授的讲座而自豪。他的讲座现场还售卖他新出版的专著，我买了一本，恭恭敬敬地请丘教授签了名。听丘教授讲座的第二天，我就给新加坡的同事打电话报告了这一消息，他们的回答是：“真羡慕你，有机会一睹这样国际级大师的风采！”丘教授在 30 岁刚出头时就获得了菲尔兹奖，数学界没有诺贝尔奖，这是数学界的最高奖。

丘教授讲的一件事对我非常有启发。他后来的学术成就与他在加利福尼亚大学伯克利分校读博士期间修读的一门课程密切相关。丘教授是数学专业的，他说让他最痛苦的是上一门物理学的课，整个大礼堂的学生中，就他一个人一个概念都听不懂。后来终于搞清楚了一个概念，尝试从数学上给出证明。他获得菲尔兹奖的主要成就就是在数学和物理学的交叉领域。

一个人敢修读一个概念都听不懂的课程，这需要勇气；能在最痛苦的课上坚持下去，这需要毅力。丘教授既有勇气又有毅力，所以他今天很成功。我们的大学生普遍缺乏的就是这两种精神。

温总理在与北京大学师生的座谈会上强调，学文史的懂一点理工，学理工的懂一点文史。耶鲁大学校长 Richard Levin 在 2010 年 8 月的开学典礼上，也有类似的观点，摘录翻译如下：

> 耶鲁大学开设有 2000 多门课供你选择，但是你不得不错过 98％的课程。但是我要督促你们多尝试不同的课程。每一个学科代表着人类不同的经验方面，任何一个学科都能够给你提供不同的窗口，去领略自然界和社会的文化积累，让你能够从不同的角度看世界。如果让我给你们一个忠告，那就是，选课的话，兴趣尽量广泛，尽可能涉猎多种学科。不要老抱着这样的信念，你来大学之前选定的学科是最适合你的。选一些完全超越你以前知识经验的课，这样不仅可以扩大你的知识面，还可以发现你意想不到的巨大潜力，这甚至可以改变你的人生。

下面我以个人的经历，来做一个现身说法。

我是学中文的，必修的课程全是文学和语言。说实话，这两科的功课就多得不得了，看不完的书，学不完的课。但是我在大学时，把时间一分为三：一份用来学中文的课，一份用来学历史、哲学，一份用来学数学、逻辑。也就是说把 2/3 的时间用于专业外的知识。数学本来是一门高度抽象的学科，容易令人望而却步，然而一群英国数学家则娓娓道来，把数学变得生动有趣，当时我一口气读完了这套数学普及丛书，领略到了概率论、统计学、集合论、数论、图论这些学科中的瑰丽多姿的景观。

我的研究生就读于华中理工大学，这是所理工科背景的高校，语言学专业刚开设不久。我非常幸运，其他综合类院校的文科硕士的政治课大都是“科学社会主义”和“国际共产主义运动史”，而在华中理工大学我们学的则是“自然科学发展史”和“自然辩证法”。这对我的科研有直接的帮助。

在华中理工大学我正式修读了数学系的两门研究生课程，即“代数拓扑学”和“模糊数学”，这两门课程深深影响了我的思维方式，决定了我科研的方向。过去20年来，我一直着力研究自然语言中的数学问题，希望不久的将来能够出版一本这方面的专著。哈佛大学心理学系的Pinker教授专门研究自然语言中的物理现象，他的有关文章发表在美国的杂志*Nature*和*Science*上。这对我也是一个鼓励。

拓扑学是数学中的贵族，是几何和代数的混血儿，最具有审美性和挑战性，最近若干年来的菲尔兹奖多授予这个领域的学者。这门课对我这个中文系出身的人来说，挑战可想而知。每一个符号、每一个概念、每一条公理、每一个定理、每一个证明，我都要花比别人多得多的时间去领会、去记忆。我们用的教材是由一位英国教授编写的（国内为翻译本），里边的证明一个接一个，一个学期学下来，就是一百多个公式定理的证明。数学语言对我来说就是“天书”，记得慢忘得快，期末要参加闭卷考试。我的战术就是采用笨办法，能理解就理解，理解不了就死记硬背。记得那是1987年的7月初，武汉的夏天酷热难忍，我一个人每天躲在校园一片偏僻的树林里，那里时时都有蚊虫叮咬，我花了两个星期的时间，把全部的公理定理及其证明基本记住。最后我考了78分，在全班算是中等。但是迄今为止，我仍然为我这个成就而自豪，至今我仍然受益于这次“探险”。

这门课让我懂得：拓扑学实际上是几何学的变种。差别只在于，几何学研究的图形都是由刚性的线组成的，拓扑学研究的图形则是由弹性的线组成的。例如，三角形、圆、正方形，在平面几何中都是完全不同的东西，然而在拓扑学中则是一类。拓扑学感兴趣的是变形中的不变性质。例如，这三种图形中间都有一个点，不管怎么拉扯变形，然而有一个性质是不变的，这个点始终位于一条封闭曲线之中。

前面提到我听了丘教授在斯坦福大学的演讲，他用了一个简单的例子来说明拓扑学与平面几何的差别。我感到理解起来不费吹灰之力，因为 20 多年前我就已经学过了。

拓扑学对我专业的研究也非常有启发。研究语法就是发现变化多端的句子中的不变性质，拓扑学正是给了我这种思维训练，这使得我在这个领域不断有所收获。

我于 1996～1999 年和 2010～2011 年前后两次置身于斯坦福大学这个大师云集的地方，第一次是读博士，第二次是学术休假。前后两次的目标不一样，我给自己制定的使命也不同。第一次就是一心一意在最短的时间内取得博士学位，所以我是身居东亚语言学系，深入语言学系。美国大学的东亚语言学系基本上是中国传统研究中的一个孤岛，其中虽然也有资深的学者，但是思维方式基本上还是东方的。然而斯坦福大学的语言学系则有几个国际级的大师，我不仅听他们的课，而且还请其中两位最资深的学者作为我博士论文的导师和指导委员会成员。这段经历，从根本上改变了我的学术兴趣和研究风格。

我第二次来斯坦福大学，则是一身轻，我身居语言学系，放眼其他系，系统参加了数学、心理学、哲学、物理学、统计学、语言学、计算机科学、经济管理学等系科的课程和学术讲座。现在写这本书，很多内容来自我的这些经验感受。我相信这是“天将降大任于斯人也”，所以上天赐给我这次良机，这不仅使我对钱老和温总理的讲话有了更加深刻系统的感受，也会对我未来二三十年的学术发展产生重要的影响。

我与前面引述的耶鲁大学校长开学致辞中的观点不谋而合。这次来斯坦福大学，我专门听那些我以前想都不敢想的全新领域的课程，也专门坐我以前不敢坐的位置，第一排、第二排有位置我就不会去后排，因为前面两排看得清楚、听得明白，因为我清楚这大概是我今生最后一次听课机会了。数论和现代代数两门课程我都是和本科生一起上的，那种感觉让我年轻了 20 岁。这些课程的笔记特别多，两个学期下来就是一大摞，比我四年本科记的笔记都多。

上这些课，我对自己有一个惊奇的发现，发现了一个完全不同的我。这次来斯坦福大学之前，我对自己有一个预测：语言学系的课程是我的本行，应该没问题，而且兴趣比较大；然而数学、计算机这些课程，我一个门外汉，可能提不起精神。结果恰好相反，因为语言学系的课程大都似曾相识，我很容易走神，甚至打瞌睡，需要很大的毅力克制自己才能把一堂课坚持下来；然而数学课我则是瞪着眼睛，支棱着耳朵，全神贯注，因为内容是全新的，听懂一点儿就兴奋好久，所以一节课下来特别精神。这个学期我在听“现代代数”和“信息论”两门课程，这是我收获最大、最喜欢的两门课程，如果第二天有这些课，我前一天晚上就开始兴奋。

其实，课堂只是大学学习的一部分，参加各种各样的学术讲座、学术活动，那才是真正的大开眼界、受启发、有挑战。我这一次来斯坦福大学，才意识到我十年之前在这里的学习视野是多么狭小，失去了不知多少宝贵的机会！那时候除了学习本专业的课程以外，我就不知道学校发生了些什么事情。2011 年 4 月 26 日，我听了一场“斯坦福大学校长基金系列讲座”，该系列邀请的全是人文社会科学的著名学者，这次请的是 Botstein 教授，题目是“音乐与自然和建筑”。这个系列讲座始于 1998 年，那时我正在这里读书，但根本就不知道有这个讲座。这次我没有读学位的压力，一身轻，才发现每个系科几乎天天都有讲座，像计算机系，从中午 12 点到下午 6 点，每个时段都安排有学术活动。而且每个系的学术活动又分等级，有的是针对同方向的少数专家的，有的是针对本系所有师生的，有的则是面向全校乃至对社区大众公开的。针对大众的讲座，即使数学、物理、生物这些高深的学科，一般人也能听得懂。我这次每天都关注着各个系的学术活动，不放过任何一个学习机会。我的经验是，不管听什么讲座，或多或少都会有所得。每有所获，都欣然自得。我也非常感慨，同是在一个学校里，各个人的收获差别是巨大的。同时我相信，一个对学术讲座感兴趣的学生一定会有所作为。越是与你知识背景差别大的学术讲座，越是你自己觉得听不懂的学术讲座，不妨试一下，这可能也是你收获最大的讲座。

中国的很多年轻人，包括大学生、研究生，为之疯狂的活动往往是“同一首歌”、“欢乐中国行”、“中华情”、“心连心”这类歌舞晚会，还有那些明星演唱会。其实这类活动的信息量是最低的。虽然是一个大牌明星，但能唱红的就是那三五首歌，听来听去就是这些，在参加这些演唱会之前也不知已经听了多少遍了，参加这些活动只是亲自感受一下气氛而已，很难说获得了什么知识或者技能。建议年轻的朋友不妨听一些学术讲座，特别是那些想都没有想过的领域的学术讲座，在听之前根本不知道可能会听到什么样的信息，把它看做一种探险，一定会有一些新奇刺激的感受。

人们常说：我还不了解我自己？其实，我们往往对自己最不了解。

学习是一个探险的过程。只有这样对待学习，才能领略天地之大美。

17

保护学生的隐私权

隐私权也是舶来品，在中国的传统中是没有的。

提起隐私权，人们首先想到的是感情世界的问题，如谈情说爱这一类的事情。父母看儿女的情书，就等于纪律检查。

但是，为了孩子的心智，为了孩子的自尊，为了孩子的自信，为了每一个家长和老师的幸福指数，我认为必须把成绩看作学生的隐私。

先看看西方的做法，然后再谈谈这样做的理由。在美国，从中学起，特别是到了大学，学生的成绩就成为个人的隐私。具体的做法如下：

第一，不张榜公布学生的考试成绩，不按照成绩排名次，也不按照成绩发奖励、评优秀。

第二，老师和家长不拿成绩做文章，不在公众场合谈论学生成绩，不拿成绩好的鼓励成绩差的，更不能取笑成绩差的。

第三，同学之间互不打听对方的成绩，不谈论对方的成绩好坏。

第四，老人、亲戚、朋友、邻居不过问学生的成绩。

第五，班级之间、学校之间，也不以成绩或者考上名校人数来排名。

把成绩作为隐私，并不等于说不重视学习成绩，每到期末学生们都得到自己的学习成绩报告，告知具体的等级，以及在班级里所处的位置。大学录取也是要看学习成绩的，如加利福尼亚大学录取的对象主要为班上成绩排名前 10％以内的学生。

我在美国前后读书访学七年，对他们把学生成绩作为隐私这一点印象特别深刻。没有一个老师在我面前称赞其他学生，鼓励学生好好向某某学习。也没有老师在任何场合下比较同学们的成绩。老师发考卷的时候，不仅同学们之间互相不打探对方的成绩，连瞟一眼对方考卷的兴趣都没有。平时作业也是打分数的，一个系的几十门课的作业都放在一格一格的木架子上，我留意观察过好多次，每个同学都是取走自己的作业，没有一个同学翻看其他同学的作业成绩。

孔子是一个伟大的教育家，在他的教育生涯中，也有一个不可回避的问题：如何处理学生成绩的好坏？以现在教育科学的眼光来看，孔子的做法是有时代局限性的，或者说是值得商榷的。即使在当时与学生的互动中，孔子做法的一些负面效应已经明显暴露出来。孔子的这些做法，今天还很盛行。下面略举数端，对我们今天的教育者也许具有借鉴意义。

在众学生都在场的情况下，当面给学生打分。根据史料记录，孔子学院还没有实行过笔试，只有口试。孔子问问题，学生轮流回答，一个学生答完以后，孔子马上给个分数，然后是下一个学生。当然，孔子实行的不是百分制，而是首肯制。《荀子》记述了一则孔子学院的考试。孔子这次出的题目是："知者若何？仁者若何？"第一个出场的还是子路，子贡居中，按照常例，颜回仍然殿后。请看应试过程。

> 子路入，子曰："由，知者若何？仁者若何？"子路对曰："知者使人知己，仁者使人爱己。"子曰："可谓士矣。"子贡入，子曰："赐，知者若何？仁者若何？"子贡对曰："知者知人，仁者爱人。"子曰："可谓士君子矣。"颜渊入，子曰："回，知者若何？仁者若何？"颜渊对曰："知者自知，仁者自爱。"子曰："可谓明君子矣。"（《荀子・子道》）

这次孔子打分不是按照百分制，也不是列 A、B、C 等级，而使用官位的大小，如同用皇帝（相当于 A）、宰相（相当于 B）、大臣（相当于 C）。孔子给了子路一个 C，“士”级；给了子贡一个 B，“士君子”级；给了颜回一个 A，“明君子”级。

参加这种考试心理素质一定要好，成绩好的要能顶得住激动的喜悦，特别是成绩差的更要承受住精神打击。在孔子的学生里，子路的心理素质最好，虽然每次都是第一个回答，但是成绩总是最差，他似乎从来也没有在乎过这一点。

有时候孔子的评判是情感的不自觉流露。根据《论语·先进》记载，一次，子路、曾皙、冉有、公西华，陪孔子闲坐着。孔子提出一个问题，请大家谈谈各自的志向。

子路轻率地抢着回答说：“一个拥有一千辆兵车的国家，夹在大国之间，受到别国军队的侵犯，又遇上凶年饥荒，我去治理，等到三年，就可以使人民勇敢，而且知道遵守礼仪。”

孔子面带讥讽地笑了一下。这意思是，子路答错了。

第二个出场的冉有，马上调整自己的策略，自己只有“方六七十、如五六十”的国家，礼乐留给君子来作。孔子没有反应。这意思是说，答得也不怎么样。

第三个是公西华，就更谦虚了，自己治理不了一个国家，只能在祭祀上帮帮忙。孔子还是没有反应，意思是公西华也没说到点子上。

最后一个出场的曾皙干脆退出政坛，说自己的志向是带一群人出去郊游、野炊、唱歌。这下才正中老师的下怀，孔子感叹道：“我赞成曾点的观点！”

孔子学院这种口试，互不回避，当面打分，有失公平。第一个出场的最吃亏，最后一个出场的最占便宜。因为后面的学生可以根据老师的评价调整自己的策略。几乎没有例外，第一个答题的分数总是最差，最后一个出场的分数总是最好。子路每次都“率尔而对”，抢头筹，每次的考试成绩都是最差。颜回聪明，总是把最后一个机会留给自己，结果他每次的分数都是最高的。

孔子树立了一个学习标兵——颜回，然后让其他学生自觉地寻找自己与颜回的差距。孔子这样做的目的不是鼓励后进的学生，而是挫败那些他不喜欢的学生的锐气。按照现代教学理念，这些做法都是值得商榷的。下面举一个例子。

根据《史记·仲尼弟子列传》，子贡利口巧辩，孔子经常折挫他，就问："你跟颜回相比，谁好？"子贡是个聪明人，从不吃眼前亏，老师一天到晚嘴上挂着"贤哉，回也"，因而答道："我怎么敢跟颜回比？颜回呢，听到一而知十；我呢，听到一而知二。"这段话也见于《论语·公冶长》，但是《论语》中省去孔子为何问子贡的原因，显然有为老师讳的原因。

事实上，子贡的实际能力远胜于颜回，他自己也不会不知道，只是不想惹老师生气而已。孔子反而连连说："你是不如颜回，我赞成，你是不如颜回！"

当着别人的面去夸一个人，一定要小心，弄不好就等于批评所有在场的人。脾气好一点儿的，嘴上不说，但是心里不服气；脾气大一点儿的，就有可能发生争执。子路可没有子贡那么好的修养。根据《论语·述而》记载，一次在子路在场的场合下，孔子又开始夸颜回："用了就去干，不用就隐居起来。只有我和你能够做到这样吧！"实际上就是说：仲由你做不到这一点。子路很不服气，说："老师您如果统帅三军去作战，那么，您让谁去给您领兵打仗呢？"子路清楚，颜回是个文弱书生，除了谦虚、谨慎，没有显示出处理具体事情的能力。孔子的回答也很绝："赤手空拳打老虎，趟水过河，死了都不知后悔的莽撞人，我不和他在一起。"孔子说的也是情绪化的语言，并没有回答子路的问题。其实，打仗正是需要孔子说的"莽撞人"，有了军师，还需要有执行任务的人。

从孔子的教学实践中也可以反思，当面公布大家的成绩，让别的学生寻找自己与好学生之间的差距，在其他学生面前夸一个学生，会有种种副作用。

不把成绩当隐私的文化，表现在各个方面。像体育界，那是没办法，必须按照成绩定冠、亚、季军，当场打分，实况转播。即使身经百战的运动员，在每次宣布判决之前，也都是焦躁不安地看着记分牌。运动员的心理素质比通常人们好很多，尽管如此，在各种大型比赛中，特别是奥运会，最常见的还是哭，失败者哭，优胜者也哭。站在冠军领奖台上，有多少运动员不都是边挥舞着鲜花边流泪？在成绩面前，必然有这种情绪的大起大落，好在运动员是少数，而且奥运会每四年才举办一次，否则再优秀的运动员也承受不了这种情绪的巨大波动。

然而，在中国的电视台上司空见惯的打分的文艺活动，在美国是很难看到的。中央电视台的青年歌手电视大奖赛，歌手除了唱歌，还要回答专家的知识题，当场给分。歌手回答不上来，或者答错了，那种难堪是可想而知的，特别是对于那些观众都知道答案的简单问题，如果答不上来，真令人无地自容。

最残酷的就是毕福剑主持的《星光大道》，选手要过五关，每一轮都要根据评委的投票结果淘汰一个选手。这些草根演员，很少见这种大阵势，相当一部分人在惨遭淘汰时，都控制不住自己的情感，泣不成声。笑到最后者，都有一个获奖感言，没有几人没留下激动的泪水。所以，心理脆弱的，最好别来试。

体育选手也罢，电视歌手也罢，虽然在公开评分面前，情感备受考验，然而有很多人在垫底，那就是广大的没有机会上电视的民众，他们很快会找回自己的优越感。最悲惨的是普通的学生，本来就没有什么好称道的，还让学习成绩压得抬不起头。

在学习成绩公开的教育体系中，成绩最拔尖的那几个学生可能获得一些优越感，绝大多数学生就是一般，甚至气馁，破罐子破摔。一个学生考试成绩不好，父母的情绪也受影响。前几年报道四川一位母亲，因为女儿没有考好，就上吊自杀。很多孩子自暴自弃，走上了邪路，这都与在学校长期遭受心理打击、完全丧失了自尊有关。

学生没有隐私权，直接影响到老师和学校。学生成绩好，老师跟着光荣，各种荣誉称号、奖励接踵而来，戴红花、发奖状、加工资、作报告，不亦乐乎。然而，学生没考好，老师也抬不起头。学生成绩好的学校，家长打破头也要把孩子送进去，学生成绩差的学校，没有学生来上学，结果造成教育资源的巨大浪费。

在中国凡是与教育有关的人，包括学生、家长、老师、教育管理者，幸福指数都大大降低。我相信，如果能够立法，把学生的考试成绩作为隐私权的一项内容加以保护，整个社会，特别是家里有学生的家庭的幸福指数一定会明显提高。

18

对能言善辩的传统偏见

中国的大学生，包括硕士生、博士生，能把话说好的并不多。如果都在国内，没有参照点，大家都差不多，感觉不到这是一个问题。在美国，马上就能看出差别。不考虑母语为英语这个条件，来自欧洲的学生口头表达能力最好，表现为思辨能力强，看问题准，条理清楚。在这些方面，即使印度人也明显优于中国学生。中国学生普遍表现得比较内向、害羞、不善言谈。造成这种现象的原因，除了语言能力以外，如英语口头表达能力不太好，还有文化的因素，致使教育中忽视对口头表达能力的培养。

在现在的企业中，埋头苦干的“老黄牛”吃不开了。别人没有耐心去发现你，而且在西方的文化里有种看法，不知道该不该说是一种偏见，不善言谈者被认为性格有问题，甚至被认为智商不高。因此口头表达极为重要，要说服上司自己是有能力的，特别是在自己的工作还在进行过程之中尚没有最后成果时，用生动富有表现力的语言把自己的成果呈现出来，关乎自己的生存和升迁。在这方面，中国人还竞争不过印度人。硅谷是世界 IT 产业中心，中国人和印度人最多，而且中国人多数都是国内名牌大学的毕业生。但是根据统计，印度人在公司的提升机会比中国人多，印度人在公司中层以上领导中所占的比例也比中国人高。

中国学生的口头表达能力普遍比较弱，与我们的教育状况有关。中国的学校，从小学到大学，特别是名校或者重点学校，动辄就是五六十人以上的大班上课，学生得不到发言的机会，老师也无法采用演讲、讨论式的授课方式，所以学生一直都得不到锻炼的机会。斯坦福大学有一个关于班级人数的规定，凡是需要锻炼学生口头表达能力的课，如第二外语或者说话技巧课，人数不得超过 10 个。这是根据长期科学实验总结出的规律。

中国文化对善于言辞者是有偏见的。很多关于这方面的成语都带有贬义，如“能言善辩”、“花言巧语”、“巧言令色”、“言多必失”、“三寸不烂之舌”。这一文化偏见可以追溯到孔子那里，短短的一部《论语》，孔子多处批评能言善辩者。

孔子开办的学校分四科：道德、言语、政事、文学。孔子最不喜欢的是言语科的学生。言语科的两个优秀生代表是子贡和宰予，孔子看到他们就觉得不顺眼。孔子认为子贡只能成为具有特定用途的器皿，而不是君子之才，还拿德行科的代表颜回来作比较，让子贡自己找与颜回之间的差距。对宰予就更不客气了，说他“朽木不可雕也，粪土之墙不可圬也”。表面上看来，宰予被骂的直接原因是白天睡觉，但是平时他就属于老师不喜欢的那一类。宰予也是利口巧辩，经常给老师出难题，还敢提出与老师不同的见解。例如，孔子主张父母去世之后要服丧三年，宰予说一年就够了，因为君子三年不习礼不习乐，必然导致礼坏乐崩，更何况要春种秋收，三年都哭哭啼啼，吃什么？弄得老师都理屈词穷。

然而，纵观孔子的学生，业绩最突出的是言语科的学生，如子贡和宰予。相比之下，最没作为的是道德科的学生，如颜回、冉雍。子贡和宰予与孔子有很多精彩而富于挑战性的问答，不仅激发了孔子的思想，他们自己也对儒家思想做出了直接的贡献；走出校门后，他们又在政界和商界有杰出的表现，并在孔子去世后一起发起了造圣运动，让天下人都知道了孔子的学说。然而道德科的学生都是乖学生，乏善可陈。

孔子的一生有很多不顺利。导致他颠沛流离的因素，也包括孔子对待语言表达的态度。他反感巧言者，什么“巧言令色，鲜矣仁”（《论语·学而》），什么“巧言、令色、足恭，左丘明耻之，丘亦耻之”（《论语·公冶长》），什么“恶利口之覆邦家者”（《论语·阳货》），不一而足，把善于言辞上升为道德问题，甚至是威胁国家的安全问题。

与此同时，孔子赞美慎言者。君子应该是“敏于事而慎于言”（《论语·学而》），而且也把慎言上升为道德高度，“刚毅、木讷、近仁”（《论语·子路》）。“刚”和“毅”确实是一种优良品质，“木”是质朴，也算优点，但是“讷”是嘴巴不利索，怎么能够和“仁”有关系呢？按照这个逻辑，天生口吃的人就是最仁慈的了。

短短一万多字的《论语》，就有三处孔子对“巧言”的批评：

子曰：“巧言令色，鲜矣仁。”（《论语·学而》）

子曰：“巧言令色，鲜矣仁。”（《论语·阳货》）

子曰：“巧言、令色、足恭，左丘明耻之，丘亦耻之。”（《论语·公冶长》）

《学而》是《论语》的第一章，上面第一句话是该章的第四句。孔门弟子在编订老师的言论时，一模一样的话出现两次，类似的话又出现多次。可以推断，这是孔子经常挂在嘴边的话，给弟子留下的印象太深刻了，才会出现上面的情况。

孔子反感两类人，一是善于言辞的，二是长得美好的。

孔子一生中最反感的就是“巧言”这类人了，他不仅把它上升为一个道德问题（《论语·学而》），而且还把它上升到政治高度（《论语·阳货》）。巧言者往往是不仁之人，他们的危害甚至大到会让一个国家灭亡。

孔子对于好说话的弟子很反感，甚至对他们有点儿不负责任，答非所问。司马牛这个人“多言而躁”（《史记·仲尼弟子列传》），属于孔子不喜欢的那一类。司马牛可能总是缠着孔子问东问西，孔子也很反感，所以回答起问题来也有些敷衍搪塞，给人答非所问的感觉。《论语》和《史记》都记录了司马牛的两次提问，但是孔子回答的质量都不高，下面只看其中的一则“司马牛问君子”：

子曰："君子不忧不惧。"曰："不忧不惧，斯谓之君子已乎？"子曰："内省不疚，夫何忧何惧？"（《论语·颜渊》）

司马牛问："君子是什么样子的？"孔子回答："君子不忧愁，不畏惧。"这一回答无可厚非，因为孔子常常不下定义，而是就某一特点来解释。司马牛对孔子的回答提出了疑问："不忧愁不畏惧，就称得上君子了吗？"显然，司马牛怀疑将"不忧不惧"作为君子的标准。孔子回答则是君子为什么能够做到"何忧何惧"，因为他们"内省不疚"，没有回答司马牛的问题。司马牛还应该接着问："自己反省而问心无愧，就称得上君了吗？"不知道是司马牛看到老师不耐烦，不敢往下问了呢，还是问了，而孔子的回答质量不高，后来孔子的弟子没有记载？

孔子确实做到了"慎言"，也确实由此而吃了大亏。

孔子慎言，在齐景公那里表现得淋漓尽致。政治这么大一个问题，涉及的方面如此之多，可是齐景公每次问孔子，孔子只说一句话。第一天，齐景公问孔子如何搞政治，孔子说了一句话："君君，臣臣，父父，子子。"（《史记·孔子世家》）这个问题应该展开，比如为何提这个问题？有什么现实意义？会带来什么样的政治效果？孔子应该抓住这么好的一个机会，推销自己，全面阐述自己的政治主张，这就会给后来晏婴的非难留下较少的空间。孔子的话也许有自己深刻的理由，然而显然他没有说明，致使齐景公把它简单理解为保自己的饭碗。

孔子"慎言"的这一特点，也在与自己弟子的对话中表现得淋漓尽致。孔子与弟子的对话有个规律，弟子不往下问，孔子就不往下说。那么，这次齐景公只顾乐自己的，不问了，孔子也就此打住。

又过了几天，齐景公又问同样的问题，孔子只迸出了四个字："政在节财。"（《史记·孔子世家》）那么，从哪里下手？如何节财？齐景公不问，孔子又不说。

相比之下，晏婴的口才却比孔子胜出许多，一张嘴就滔滔不绝，先罗列儒家的几个缺点，再说出不能任用孔子的理由，有的没的都往孔子身上堆。孔子在尚未证明自己的政治才能之前，应该全面阐述自己的政治理念，用各种办法说服国君，这才是走向政坛的关键。这个时候绝对不能"慎于言而敏于事”，因为你只有说话的机会，还没有做事的权利。

总的看来，孔子是个实诚人，是个老实人，不多说话。但有时即使吃了大亏，孔子也不知道如何为自己辩护。

孔子一行来到楚国求官，又吃了子西的亏。子西又是侃侃而谈，又是长篇大论，说孔子的弟子如何了得，如果执政将来会威胁楚国，也是云里雾里，连蒙带吓唬，结果楚昭王取消了分封孔子的计划。可是，我们没有看到孔子为自己辩护，他那个时候已经在楚国，是有机会向楚昭王陈述自己的理由的。

在整个周游列国的过程中，我们都没有看到孔子向哪个国君全面阐述自己的政治理论，只听到孔子说过这么一句话：“苟有用我者，期月而已可也。三年有成。”（《论语·子路》）这相当于孔子广而告之的台词：“如果有用我治理国家的，一年过后就可以有起色了，三年会有大的成效。”但是怎么做到这一点，是最关键的，孔子却没有说。哪个国君会去冒这个险呢？会拿一个国家让你去试验？孔子也许不清楚，要推销自己，不是表决心，打保票，而是要用言辞系统阐述自己的治国理念，才能打动对方，说服对方。

子西使孔子与这么好的一次机会失之交臂了，即使孔子没有机会与子西理论，也可以在其他地方阐明自己的观点。但《论语·宪问》的一则记录，真为孔子感到遗憾：

> 或问子产。子曰：“惠人也。”问子西。曰：“彼哉！彼哉！”

有人问孔子，子产是怎么样的人，孔子说：“是宽厚仁慈的人。”又问到子西，孔子只说：“他呀！他呀！”什么具体内容都说不出来。我们知道，孔子自己的弟子樊迟要学农业，孔子出口就是“小人哉，樊须也”（《论语·子路》），一点都不犹豫。樊迟还是个坦诚、有话直说的人，可子西为了个人的私利，阻挠楚昭王任命孔子，这是一个标准的小人！孔子为什么不把这个“光荣称号”送给他呢？

孔子所推崇的是闵子骞这种人的说话风格：“夫人不言，言必有中。”（《论语·先进》）也就是说，不要随便开口，张嘴就要一言中的，切中要害。问题是谁有这么大的本事呢？谁能做到一句废话都不说呢？用一个现代战争的术语来说，孔子是狙击手，采用的是“点杀式”；晏婴、子西则是轰炸机，狂轰滥炸。很多时候可能狙击手还没有发现敌机在哪儿，就被人家地毯式地一通乱炸给打懵了。所以，孔子总是显得单薄无力，被动挨打。

言多必失，是另外一个相关的现象。在中国，不论是学生还是学者，不少人持有这种处世哲学：我一言不发，肯定不会说错，也让你不知道我的深浅。即使来美国读书的中国学生，也总是把发言的机会让给其他人，显得木讷呆滞，给老师留下的印象很不好。在美国的文化里，你不发言，别人很可能会这样理解你：要么你不同意别人的观点，要么你是一个智障。虽然“此处无声胜有声”，“无声”之妙的前提是你必须“有声”。

中国的传统教育是贬低能言善辩者，起码是不鼓励。现代教育则是忽略口头表达能力，不培养。相比之下，西方教育则非常重视学生口头表达能力的培养。斯坦福大学有一个专门训练学生口头表达能力的中心，有很多专职的老师，每学期提供各种各样的课程，从练习发声运气到科学论文演讲，什么课程都有。学生选课也非常踊跃。美国大学充分认识到，口头表达能力是关乎学生前程的，所以花费巨大的投资。美国的其他大学也有投入，但不像斯坦福大学这样重视。根据美国高校研究机构的统计，斯坦福大学的毕业生的平均工资是最高的，这当然是与他们的综合素质有关，其中之一也许就是口头表达能力。我不清楚现在国内有多少高校已经认识到这个问题的重要性，开始花大力气来训练学生“能言善辩”。

言语既是表达思想的工具，又是磨砺思想的工具。当你有想法、有问题的时候，把它们说出来、写下来，你会有意想不到的收获。

19

诚信缺失是制约中国教育的瓶颈

在2011年2月27日与网友的交谈中，温总理说道："现在影响我们整个社会进步的，我以为最大的是两个方面，一是社会的诚信，一是政府的公信力。这两个方面解决好了，我们社会就会大大向前迈进一步。""社会的诚信"与"政府的公信力"是一个问题的两种表现，它们的缺失制约着社会方方面面的发展。

诚信乃立人之本。这是儒家思想的核心，也是我们现在社会最缺失的。2011年央视春节联欢晚会的语言类节目，光与造假有关的就有四个，姜昆的相声涉及文物造假，赵本山的小品涉及考试作弊，蔡明的小品涉及买房造假，黄宏的小品是假离婚。造假成为当今的娱乐主题，也成为一种集体无意识，大家觉得没什么，一笑而过。这种现象的背后折射出一个严重的社会问题。

子曰："人而无信，不知其可也。大车无輗，小车无軏，其何以行之哉？"（《论语·为政》）

一个人一旦失去了诚信，在别人那里已经没有了诚信，不知道他怎么能够混下去。就像车子没了前面的横木，牛再有力气，车子怎么能够走动呢？

圣人是坚决反对弄虚作假的，有时到了不近人情的地步。孔子有一次病得很厉害，子路让师兄师弟们装扮成家臣，为老师准备后事。这是当时的一种风俗，然而只有大夫以上级别的官员，才有资格用家臣办理丧事。孔子还在病中，听到以后很生气："阿由搞这种欺骗活动已经很久了！我们没有家臣而假装有家臣。我欺骗了谁，难道要欺骗上天吗？我宁愿死于我的学生之手，也不愿死于这些假家臣之手。即使我没有隆重的葬礼，难道就会死在道路上吗？"（《论语·子罕》）子路也确实有点儿冤枉，一片好心，想让老师的葬礼办得体面一些，没想到得到的却是老师的一通臭骂！这件事情也显示出孔子的光辉人格，至死都不弄虚作假，真可以说是"死不要面子"！

孔子的诚信不仅可敬，而且可爱。有一次他对弟子说道："二三子以我为隐乎？吾无隐乎尔。吾无行而不与二三子者，是丘也。"（《论语·述而》）孔子坦率地说："你们以为我隐瞒了什么吗？我什么也没有向你们隐瞒过。我做的所有事情你们都看在眼里，这就是我孔丘的行事风格！"亮亮堂堂做事，坦坦荡荡做人，这就是孔子的人格魅力！

孔子的这种精神对今天最具有现实意义。我们今天这个社会，从个人到集体，从家庭到社会，从教育到科研，从文艺到体育，从开发商到企业家，从个体户到公务员，太多太多的问题出在不讲诚信上。有了诚信，一切都会变得简单了，社会也会和谐多了，也就有了让各个领域可持续发展的最大软实力。相反，再美好的政策，再完美的体系，如果让缺乏诚信者来运作，什么都是空谈。

诚信是当今社会的全局性问题，教育应该是"重灾区"之一。2011 年央视春节联欢晚会，赵本山的小品《同桌的你》就折射出了教育中的这个问题。余则成与桂琴是同班同学，余则成富了，要来感谢这位昔日的同学，因为桂琴在中学时经常帮助他。余则成专门提到，考试的时候桂琴让他抄题，可是有一次，他抄得太全了，把"桂琴"的名字也抄上了，结果得了个鸭蛋，而桂琴是 90 分。这个噱头引得观众哄堂大笑，然而它更应该引起关心教育者的深刻反思。

这个小品是很逗乐，但是暴露了一系列错误观念，或者说严重问题。

第一，考试作弊是一种非常普遍的现象。而且更可怕的是，人们也不把这太当一回事，还去感谢曾经帮助过自己作弊的人，将其作为笑料在大家面前讲。

第二，观众也把这作为一笑了之的事，不觉得这是什么严重的事情。

第三，学校的老师对协同作弊者的处理也值得反思，抄袭者和协同者的错误是一样严重的，但是只惩罚了抄袭者。

这段小品如果让西方人来看，就有点儿匪夷所思了。一是因为在他们的教育中，这种事情很罕见，很多人闻所未闻；二是因为在他们看来，考试作弊是最严重的道德问题，应该受到严厉的惩罚，怎么能把这看成儿戏？

大家都知道高考的弊端，以分数定终身有很多不合理的地方。美国是没有高考的，大学录取主要看学生在校的平时成绩、高中老师的评语、学生的社会活动等。这些在中国能不能行得通？我也不想去打击一大片，也不愿意去冤枉一个好人。每一个老师，每一个家长，每一个学生，都可以评估一下：假如没有高考成绩，在评估学生的能力时能否做到大体上的公平和准确。如果拿不准的话，除非你爸爸是李刚，否则咱们还得跟高考过下去。

高考的无奈，是由整个教育界的诚信状况决定的。高考很多时候是 1 分定终身，有的时候甚至半分决生死。540 分上名牌大学，539 分只能上地方院校；500 分到大城市读大学，499 分留在山区喂牛种树。且不说一分之差，就是 20 分、40 分之差，也不一定说明能力上的差别。有人对高考阅卷作过统计，满分为 60 分的作文，不同评判者对同一篇作文打分时，误差在 20 分以上很常见。一个阅卷者可能给 55 分，另外一个阅卷者可能给 30 分。能不能考上大学，或者上什么大学，很多时候确实就是凭运气。

更何况，很多能力是考试考不出来的，如想象力、创造力等，这些对科研极为重要的能力，迄今为止还缺乏有效的考试办法去评估。考试对测试那些死记硬背的知识和机械的技能最有效。

教师队伍就过硬了吗？从中学到大学，各级学校的教师晋升职称都需要论著。不否认部分人是靠自己艰辛的劳动而得到科研成果，但同时也不可否认，还有相当一部分人，是靠雇枪手、抄袭拼凑别人的文章，甚至贿赂主编，或者花钱买文章。有人甚至靠抄袭国外的东西，美其名曰“编译”，成了各个学科领域的大家，掌管着评估他人生死的大权。这就如同雇了一帮江洋大盗来看护着国家的金库，能令人放心吗？

上有政策，下有对策。前几年的全国高校评估，其中一项是考察老师评阅的学生试卷。真是的，这些上面的人也不调查调查，哪个老师会保存这些？下面的老师也有对策，就用雪白的纸张再造一批卷子，调查的人即使想信也难，因为太有悖于物理规律了！用高压锅蒸，蒸十分钟的相当于一年旧，蒸半个小时的相当于五年旧。真令人佩服！如果把这些智慧用于科研的话，指不定会弄出什么重大的科学发明创造。

现在，中国的学术研究缺的主要不是钱，而是诚信。前两年披露的上海交通大学一个计算机领域的科研项目，课题总资金达1亿元人民币，这即使在美国也会是一个了不起的大课题。课题的负责人把美国进口来的芯片，抹掉上面的商标，作为自己的研究成果来交差。其实这么一大笔钱，自己做不了科研，总可以雇一些人来做；实在不行，做些技术引进也好，为什么一定做这些弄虚作假的事呢？

黑猫白猫理论，在学界就变了调。很多大学或者科研机关，不论能不能做出科研成果，只要拿到钱就是好样的。很多人都有课题，大家都可以想一想，科研经费有多少是真正用在刀刃上的？学术界的腐败比官场能好多少？

诚信是一种自我约束的道德力量。不讲诚信，很多时候也够不上犯罪，司法部门也管不着。但如果人们把自己的道德底线降到不被判刑不蹲监狱就行，那就很可怕了。很多人不择手段，哪怕群众都不赞成，只要不犯事，不被逮捕，就无所顾忌。曾子曰："十目所视，十手所指，其严乎。"（《礼记·大学》）如果能顾及一点儿周围人的目光，担心一点儿别人的看法，这就有了自我约束的力量。

缺乏诚信必然导致人才的浪费。在没有诚信的选拔机制中，有才华者可能被埋没，弄虚作假者最后成了成功者。同时，即使很多人本来很有才华，但是一天到晚要防备别人，按照流行的游戏规则去行事，才华也就浪费在歪门邪道上了。缺乏诚信的个人也行不远，做不大。

社会缺乏诚信，可以直接影响到在校学生学习的积极性。工作机会不是按照能力而是按照关系来分配，谁还会努力去学习呢？学习积极性因此受到社会大环境的制约。

不少中国人都有这样的感觉，美国人看起来"很傻很天真"，其实这是长期在“被诚信”的环境中自然而然产生的一种气质，那叫从容淡定。中国人看起来很机灵很精明，其实这是长期生活在“被不诚信”的环境中被别人防备和防备别人产生的气质，那叫心浮气躁。美国人商业的成功，科学的发展，就在这个傻劲上。中国的很多事就坏在小聪明上。

由于诚信的缺乏，带来另外一个副产品，那就是考试门类繁多，涉及面广，持续时间长。一个人不仅在学生时期要考试，毕业以后还要过五关斩六将，还要忙着各种各样的考试。考试成了每个人生活中重要的一部分。没人过问这到底效果如何，但是很多人的幸福指数为此大大下降却是事实。就拿现在咱们的“国考”来说，场面之壮观令人叹为观止，可谓世界奇观。这是由两个方面“不信任”造成的，招工单位不信任申请者的业绩记录，国家又不信任招工单位的公信力。所以只有一种选择——考试。其实考试的局限性是很大的，很多能力是考不出来的，如创造力、胆识、责任心，尤其是道德修养更无法在考卷上表现出来。最能说明一个人的证据，是申请者平时方方面面的表现，本应是平时的成绩单、老师的推荐信最可靠，但是这些又有几分可信度？

2011 年 2 月 27 日温总理在与网友交谈时，一位大学三年级的学生提出一个问题：现在找工作难，找个好工作得有关系，要有门路，这让很多毕业生受打击。温总理也承认：现在确实存在着你所说的现象，找工作难，找工作得有关系，要有门路。这是个普遍的社会现象，无奈之下，考试就成了最公正的手段。谁都知道考试的缺陷，但是又离不开考试，根源就是整个社会在“诚信”二字上出了问题。

可以有把握地说，中国是世界上考试最多、最频繁的国家，一个人的一生不知经历过多少考试。结果就形成了绝大多数人的读书都是围绕着考试这种现象。考试多也不能说完全没有好处，也可以督促人多学一点儿知识。但是在这种反反复复的考试压力之下，很多人无法去创造，没有时间去思考，不要说出不了大师，连“小师”都难成，顶多出现些考场高手。在中国，凡是读过书的人，有几个人没为考试做过噩梦？很多科学家是在梦中找到疑难问题的答案的，然而前提是可以轻松自由地做梦。

有一个现象值得深思，凡是最重视考试、把考试搞得最隆重的地方，却是出不了大师的地方。新加坡是另外一个典型的例子，从下到上，从小学到大学，讲究的就是一个分数。每个学期的期末考试都是搞得最隆重最庄严的，学生都被集中在大礼堂、体育馆中，领导巡视，老师监考，匿名阅卷。在这种考试体制中，很少有学生能够产生学习兴趣，新加坡学生的厌学情绪比中国还要严重，那里的研究生很多是没有人报考的，即使有奖学金也没有多少人愿意读，只要有份工作，就早早结束了学习生涯。李敖讲新加坡只有两个人值得一提，一是李光耀领导新加坡很有成就，二是孙燕姿的流行歌曲还受欢迎。这话说得有些极端，但也不得不承认有几分道理。

诚信，在高级人才的培养上，东西方的差别也是十分明显的。在西方的大学里，博士论文的把关者是自己的导师，最“折腾”学生的是自己的导师，因为学生是自己的产品，一个不合格的学生投向社会，就像生产一个劣质产品一样，会砸导师的牌子。所以导师就会精心地指导学生，导师说可以了，基本上也就差不多了，博士论文无须经过校外专家的审查。毕业答辩时，对学生提问题最严厉的也是自己的导师。再看看中国大学对博士生的培养，一般学校都规定，博士论文要送给外校专家审查，一般都是10个左右。外校专家说行就行，说不行就不行，导师没有发言权。这是既不相信学生又不相信导师的体制，那么外审专家就可信了吗？这里边的问题也多着呢。从形式上看，中国大学比西方大学要严格得多，复杂得多，但是效果呢？这个留给大家去回答吧。

一部分人靠弄虚作假就可以获得大名大利，这对靠自己的劳动和智慧奋斗的人是最大的不公平，同时也让很多人丧失了进取精神。

缺乏诚信，社会所付出的代价是巨大的，并不仅仅限于弄虚作假者所获的名利，而是直接关乎教育的水准，乃至高尖人才的培养。

20

诚信是西方教育的软实力

如果说诚信缺失是制约中国教育进一步发展的瓶颈，那么讲究诚信就是西方教育科技发展的软实力。讲几件我亲自经历的事情，看看美国教育中的诚信。

斯坦福大学实行一种“荣誉考试制度”，不论是期中考试还是期末考试，没有监考，就是老师不能在考场巡视，老师发完卷子以后，回到自己的办公室，如果办公室远，老师就搬个凳子，坐在考场外边。如果学生有问题，就自己出来问老师。

我在斯坦福大学读博士，最大的压力就是应付日语考试，学三年，要求又高，要达到听懂学术报告、写作学术论文、宣读学术论文的水平。我开始学日语时已经30岁出头了，跟十八九岁的大学生一起学。大大小小的考试一个接一个，考试都是闭卷的，考的都是书本上的知识，而且因为同一门课分成各个小班上课，因此常常是上午和下午的考试考一模一样的考题，星期一到星期五考同一张卷子，学生可以选择任何一个合适的时间去考试。

三年中，我经历了无数次这样的考试，在考场上我没有看到任何人翻课本，也没有看到任何人偷看别人的试卷，考试后也没见到任何人打探考试的内容。在这种气氛中，其实考生的压力比有监考官在场还要大，似乎周围的每一个同学都是监考官，任何不适宜的举动，都可能招致别人鄙夷的目光。结果，每一个同学都在为了自己的尊严而学习，当然也是为了自己前程而学习，个人的才华都能得到充分的发挥。校园里很少见到闲逛、聊天、戏耍的学生，在这种“被诚信”的气氛中，即使有些“前科”的学生也会被感化，要靠自己的努力来争得自己的荣誉。

斯坦福大学还有一种考试形式，就是学生把考题拿回家里做，第二天再交来。在斯坦福大学，我还选修了法语课，要求把一篇法语文章翻译成英文。这是比较花时间的，一两个小时不可能做完。考试的时候，老师把卷子一发，学生可以在教室里做两个小时，做不完就拿回家继续再做，只要第二天 10 点以前交到老师的办公室就行。老师根本就没有想过，学生之间会互相抄，或者寻找其他人帮忙，因为这是不会发生的事情。

上面讲的都是文科方面的考试形式，下面讲两个我观察到的理工科方面的事例。

2011 年春季，我旁听了一门课程叫“信息论”，是数学系和计算机科学系联合开设的一门课，授课者是一位年届 80 岁的老教授。课堂的作业都事先在网上公布，到该交作业那天，老师就把答案打印好放在桌子上。老师宣布，今天交了作业的同学可以拿一份答案回去，如果因故不能按时交作业的同学，以后交作业时再拿答案。然而答案册子就在讲台桌子上放着，没人监督，学生可以根据自己的情况自觉决定是否今天拿答案。而作业做得好坏，都是计入最后成绩的。这种师生之间的信任是那么自然，那么平常。

这个学期我还旁听了一门课程叫“现代代数”。很早老师就宣布这门课有期中考试，时间是第六周。我心里一直惦记着，考试那天我就不用来听课了。临考前才知道，考试的题目已经放在该课程的网页上，学生可以根据自己的时间，选取一个时间段，做好以后交给老师，根本就不占用上课时间。期末考试也是如此，考题就在该课程的网页上，学生自己选择时间做好就行了，没有专门的考试时间。

大学的信任，带来了老师的自尊；老师的信任，带来了学生的自尊；领导的信任，带来了群众的自尊；老板的信任，带来了员工的自尊。任何个人或者群体，一旦有了自尊，那就像释放出原子能一样，产生令人难以想象的力量，创造出自己都不敢相信的奇迹。

在西方的文化里，首先是信任你，假定你是个诚信的人。诚信也就成了一个人最宝贵的财富，一个人一旦丧失诚信，那就是无法弥补的后果，甚至是灭顶之灾。他们对不诚信的容忍度为零。一个学生一旦被认定有作弊行为，没有什么好商量的，走人！

大学相信老师，老师相信学生，学生尊重自己，这样的工作环境，这样的学习气氛，能不出人才吗？斯坦福大学的诺贝尔奖获奖人数在全世界大学中名列第二，迄今为止已经有 25 位，与这种诚信的系统不无关系。我离开斯坦福大学 10 年后又回来，改变的是学生的面孔，不变的是这种诚信的文化，所以斯坦福还是斯坦福。

在这方面，中国的文化则相反，首先认定每个人都是不诚信的，然后采取各种各样防范的措施。道高一尺，魔高一丈，你既然假定我是个坏人，我何必在你面前讲自尊，有些人就拿出“我是流氓我怕谁”的蛮劲，与体制去较量。

考试防范措施越严密的学校，越出不了人才。首先，考试成了教育中的一切。不论老师还是学生，都把考试看做头等大事，学生的满脑子都是考试，自己的一切能力都要在考试中得到证明。学生的大学生活一直都是在紧张的考试中度过的，他们的灵感和创造力受到了压制。

考试防范措施越严密的地方，越能刺激一部分人的作弊动机，因而作弊的人就越多。因为这种作弊很有挑战性，要求的技术含量高，使得作弊过程更惊险、更刺激，成功以后的愉悦感和成就感就更大。

从哲学上看，西方强调的是“性本诚”，东方强调的是“性本诈”。心理实验证明，心理暗示对人的行为有明显的影响。大家都知道一个著名的心理实验。有一位心理学家到一个中学的班上考察了一番，事后给了老师一张名单，说名单上的这几个是天才学生，将来会有大成就。过了半年回来一看，那几个学生的成绩果然优于班上的其他学生。为什么？因为这个老师得到这份名单以后，对这些学生的态度就不一样了，高度信任他们，言谈表情都传递出一种信息：你们将来会很有出息的。这些学生获得这些信任后，自己也信心满满，更加自信，更加努力地学习。

诚信也是如此，假如你信任一个人，这个人也觉得自己是诚实可靠的，说话做事也都讲究诚信。绝大部分的人都应该属于这一类。但是不排除有少部分人，不管别人如何对待他，仍然劣习不改，欺诈行骗。记得20世纪80年代初我国引进了一部印度电影《流浪者》，讲的是一个漂亮的姑娘如何让做小偷的浪子回头。报纸上报道，社会上就有女孩子仿效电影，想感化在公共汽车上遇到的一个小偷，结果不仅失身，小偷还把女孩子的首饰偷跑了。

各种不信任的防范措施，是以巨大成本、以假定“性本诈”不信任所有人为代价，来杜绝极个别人犯错误的可能性。防备别人和被别人防备，双方都很累，气氛也很紧张，会产生一种不健康的情绪。如果换成信任别人和被别人信任，那感觉一定大不一样，双方都会觉得生活是那么简单、那么纯净，每个人的精神放松了，幸福指数也会提高，结果有利于每个人的身心健康。鲍鹏山先生认为中国文化里的“害人之心不可有、防人之心不可无”，是以高昂的精神代价换取一点儿可能根本不需要的保险，这不仅是人和人过不去，也是自己和自己过不去。

中国的不信任文化表现在方方面面，社会成本的消耗是巨大的。很多商店、书店的门口，专设一间存包房，让顾客把随身携带的包裹存起来，防止有人顺手牵羊。这样既占用了空间，又要额外多雇人，开支也就增大了，而且顾客存包取包都要排队，耽误大家的时间。即使在北京机场这样的国家窗口，仍然有不信任的文化，在机场内的不同商店购物，不时有人来检查你的发票，这种被人当做贼的感觉，让人心里极不舒服。

不被人信任，特别是被人监视，轻则诱发人犯错，重则诱发人犯罪。在这种文化氛围之中，人性就会扭曲。陈佩斯和朱时茂合作的小品《吃馄饨》，对这种社会心理的刻画非常深刻，很能说明大众在不被信任的文化中的扭曲心态。陈佩斯演一个大大咧咧的农民工，富不富不知道，但是不在乎块儿八毛的，吃馄饨的零钱就不要服务员找了。朱时茂则演一个文质彬彬、斤斤计较、特别讲究的文人。朱时茂外出吃饭时，必备三样东西——餐巾纸、勺子、胡椒粉，为的是吃饭干净有味道。陈佩斯误会朱时茂带的胡椒粉是餐馆里边的，两人为此发生了激烈的争执，陈佩斯力气大，把胡椒粉都洒在自己的碗里。朱时茂气得转身走了，但是也没忘把空胡椒粉瓶子装到自己的小黑包里带走。陈佩斯见状大叫："服务员，服务员，这家伙把你们的胡椒粉瓶子拿走了！"喊了两句没人回应，陈佩斯自言自语道："没有人管了不是?"边说边把碗里的半碗馄饨汤倒掉，然后把碗揣在上衣里就跑了。

陈佩斯家里缺这个碗吗？他可能根本不需要这个碗，但是，他在社会上长期被人不信任，被人防备，甚至被人当做小偷看，突然一次没人监视他了，他却觉得手足无措，不知道干什么好了，第一反应就是不偷点儿什么就好像自己损失了什么似的，特别是觉得对不起别人长期对自己的不信任。这是一个很好的例子，说明"不信任"文化中的人性扭曲。

其实，很多人都有陈佩斯这种心理。假如在闭卷考试的场合，老师突然宣布今天没有监考，一切凭自觉。最有可能出现的场景是，那些不被信任已久、被监视已久的压抑心情突然找到了释放口，抄呀，放开抄呀，不抄白不抄。不会的人去抄书本，会的人也会去翻书，因为他们觉得不这样做就很吃亏，不这样做就会被别人笑为傻，不这样做就对不起这样的机会。

不信任的环境，能把好孩子变成坏孩子，能把诚信的人变成奸诈的人。

只有在一个相互信任的环境中，一个人的自觉能动性才能得到充分的发挥，其才华才能得到充分的展示，才能具有创造力，才能具有朝气。也只有诚信的环境才能出大家，出大师。

我遇到一位刚刚从美国回来的中国大学生，他在美国参加了两个月的夏令营，他对我发了这么一通感慨："美国不可能不强大。你看人家，荒郊野外的交通灯，没有警察看管，人们都自觉地按照交通灯指示驾驶。"这种现象就是诚信带来的秩序。遵守交通规则是义务，不需要别人来监督。现在中国很多城市堵车现象严重，除了车多路况差外，没有秩序、违反交通规则也是主要原因之一。不少司机有这样的心态，没有警察，没有安装摄像头，四周又没车，你在红灯前面等着，不要说别人笑你胆小，自己就觉得自己傻，结果常常做出"聪明"的选择：违反交通规则！

教育界如此，商业界更是如此。中国传统认为商人重利轻义，其实真正做大的商人必须是"利义双重"，只重"利"的也做不大。当今世界的大公司无一不是把诚信放在第一位，首先在商品质量上讲诚信，其次是在对顾客的承诺上讲诚信。

我在美国有一个感慨，到处都是中国制造，特别是玩具和服装行业，但是品牌都是人家的，没有一个我们自创的品牌。品牌是什么？“诚信 + 工艺”。我们付出的仅是材料和劳动力。很多人以中国对美国出口的顺差为骄傲，而在这骄傲的背后我们应该更多思考国际市场上为什么没有我们自创的品牌。中国企业的发展模式是前赴后继，起来一批，倒下一批，很难持久，更难打入国际市场，问题也多出在诚信上。三鹿奶粉事件不就是前车之鉴嘛！

在缺乏诚信的社会环境中，教育改革就难以推广，教育科学文化领域就难以达到世界一流水平。不少有识之士已经意识到这个问题了。2011 年央视春节联欢晚会有个小品，讲一个卖彩票的店主自己先垫钱帮人买了一张 1000 元的彩票，结果中了 500 万元。这个店主还是把奖金给了那个托他帮忙买彩票的人。这是根据一个真实的故事改编的，那个店主也来到了晚会现场。这种诚信的精神难能可贵。如果有一天大家不觉得诚信难能可贵了，讲诚信变成一件很平常的事，是大家的基本道德规范，没有必要再在央视春节联欢晚会这样的场合宣扬了，不仅是教育，中国的一切问题就都容易解决了。

诚信是保证西方教育科技发展的最大软实力。中国教育，也包括整个社会，如果不在诚信风貌上有根本改变的话，那么缩小东西方教育之间的差距，恐怕只能是一句口号。

21

母语政策与高尖人才的培养

一国政府对母语采取什么样的政策，会直接影响到大众的思维水准，进而影响该国的高科技人才的培养。

我在统计各国诺贝尔奖获奖人数的时候，发现一条规律：获诺贝尔奖人数最多的几个国家，都毫无例外地把自己的母语和文化放在第一位，采取各种保护自己母语的措施，而且通常是有意地把自己的语言和文化“凌驾于”其他语言和文化之上。影响一个国家高科技人才培养的因素很多，其中之一就是对自己母语和文化的态度。我以在国外的亲身经历谈谈自己的感受。

诺贝尔奖得主最多的前几个国家，依次为美国、英国、德国、法国、俄罗斯、日本等。如果按照人口比例来算，欧洲的一些小国家，如意大利、丹麦、奥地利、瑞士、瑞典、挪威、荷兰等，获得诺贝尔奖的人数也很多。

在科技文化领域，英语占有绝对的优势。英国和美国把英语放在第一位，因为这是他们的母语。那么对于其他国家来说，他们的语言政策，首先是处理好自己的母语与英语的关系。

不到巴黎就不知道法国人对自己母语持有的优越感，也就不知道法国人是如何轻视英语的。我认为，巴黎是世界上最美丽的城市，那里有很多世界闻名的名胜古迹，如巴黎圣母院、卢浮宫、埃菲尔铁塔等，数不胜数，每天都吸引着大量的世界各地的游客。然而他们的所有标示牌、路标，凡是能看到的地方，都是清一色的法语。这就表明法国人的一种态度：你想来法国旅游吗？想欣赏这里的美景吗？想品尝我们的美食吗？那么，首先请学会我们的语言吧！

我在巴黎火车站遇到的一件事，至今还令我耿耿于怀。2008 年，我和几位国内的朋友到德国开会，中间抽出一天去巴黎游玩。我们坐高铁来到巴黎火车站，要排队买巴黎市内地铁票。我们几个人排了 20 多分钟的队，到跟前傻眼了，对那售票的小姐讲英语，她摇摇头，摊摊手，那意思是告诉我们："我听不懂你们的话。"我们急得跟她打手势、比画，写数字告诉她要买几张票，没用，人家就是不卖给我们车票。我们看看紧跟在我们后边的是两位来自德国的女士，就先用英文对她们说明我们的意思，她们再用法语与售票员讲，最后终于买到了票。具有强烈优越感的德意志民族，他们在来到法国之前，也得把法语学好。都德的《最后一课》讲的就是这两个民族在对待自己的母语时如何较量。

我在德国一共游玩了一个多星期。德国很多地方也是清一色的德语说明。我想在书店买一张英语的德国地图，竟没有买到。大家一起玩儿的时候，有人会德语，没有遇到太大的困难。但是我一个人要提前回国，那天要从新天鹅堡转三次火车到法兰克福乘飞机，而且三趟火车班次排得非常紧，如果误几分钟就赶不上火车了。所以一定要看清火车时刻表、抵达各站的说明。但是，一到火车站我就傻了，全是德语，而我一天德语也没有学过。幸好，德语和英语是血缘关系最近的两种语言，很多词根是相似的，可以连猜带蒙，但是出错的危险也很大。这样我差点儿误了当日的班机。因为法兰克福有两个车站，一个是通往市区的，一个是通往机场的，不同的火车目的地不一样。我因为不懂德语，坐错了火车，坐上了到市区的那辆。我一到站提起行李就往出租车站跑，赶到机场已经开始登机了。

日本人就更狭隘了，用各种手段，让你感到他们大和民族是最优秀的。2002 年我到名古屋参加一个会议，一下飞机就让人不舒服。机场给日本国民设的通道有20多个，日本人几乎不用排队就通过了。而给外国人设的只有两个通道，很长的队，在大厅里拐了几个弯，等了一个多小时才办完出关手续。到机场外边一看，感觉还好，路标、招牌大都认识，因为是汉字掺杂了各种由汉字偏旁改装的符号，都能猜个八九不离十。

开会期间，我早上没事到附近的居民区散步。每家房门的旁边都有户主的名字，都是清一色的汉字。这也是向金发碧眼的老外表明一种姿态，想了解我大和民族的风土人情，那就先学好日语吧！日本强烈的民族主义，一不小心给我们提供了方便。

我开完会后去日本的一家温泉。那里的服务员应该知道，当天接待的是一个外国旅行团。可是我们一到宾馆，那里的服务员就叽里呱啦对我们讲日语，好像所有的人都应该会说日语似的。我们摇头，比画手势，告诉他们听不懂。一个年长一点儿的服务员还比较机灵，拿了一张纸，用汉字来与我们交流，她还好，知道汉字不仅日本人用，中国人也在用。

很多国人都嘲笑日本人的英语不好，殊不知这是日本政府保护民族语言的一种措施。日本政府并不要求或者说期待各行各业的人都会英语。他们的翻译事业非常发达，把一些重要的文献都翻译成日语。这样不仅保护了本民族的语言，还可以避免很多日本人把大量的钱财和精力都投入到英语学习中去。俞敏洪的“新东方”估计在日本不会有太大的市场。

可以说咱们中国对英语以及英美文化太“友好”，太“慷慨”了。从幼儿园一直到50多岁的人，都在学英语、考英语，而这往往是以牺牲汉语的水准为代价的。这是我们每一个国人，特别是政策制定者应该认真面对、思考的一个问题。

中国的学生，从小到大，不知有多少时间是花在英语学习上的。中国的父母也不知有多少金钱是投资在孩子的英语学习上的。很多时候这是以牺牲母语的学习为代价的。晋升职称或者招工，都要考外语；然而很少有人想到汉语能力才是攸关职工工作效绩的关键。现在有多少人能够写一篇文从字顺、条理清晰的汉语文章？然而这些都是工作中必需的技能。

此外，过分重视英语学习，会制约中国学生的专业学习，影响他们的想象力和创造力。我总是非常羡慕英美学生，他们的外语学习只是一种点缀，一种爱好，基本不影响他们的学业。他们可以把我们用于英语学习的时间用来学习专业，用来研究，甚至用来娱乐。仅在这一点上，中国学生不知要比人家多花多少的时间和精力！

以中国香港、中国台湾和新加坡这三个人口以华人为主的地区和国家来看，香港和台湾都把母语作为第一语言，有几个诺贝尔奖获得者都是在这里读的中小学，也出现了大批影响华人世界的人文学者、艺术家。然而新加坡是以英语作为第一语言的，华语教育只是一种点缀，迄今为止我都没有听说过哪个有影响的华裔学者是新加坡培养出来的。这种对比是很值得我们反思的。

中国的父母对儿女的教育出手都是慷慨的，既舍得花钱，也舍得牺牲小孩的快乐。有些父母在儿女上小学之前，就把他们送到“纯英语”的幼儿园学习，或者送到各种英语的夏令营强化训练。可怜天下父母心！

家长和教育者必须清醒地认识到，一个民族的科技文化必须建立在自己的母语基础之上，个人智慧的发展必须以母语为支撑。要吸收国外的先进科技文化，外语当然很重要，但是充其量只能是一种工具。任何一种语言都不仅仅是语音、词汇、语法这些形式上的东西，还包括这个民族的智慧、文化、社会、价值、历史、地理，甚至气候条件等。一个人除非泡在那个环境中，否则永远无法真正掌握另一种语言。所以，如果不能处理好母语和外语的关系，对一个民族的智慧开发、人才发展是很有影响的。

出大师多的国家，毫无例外，都非常重视自己的母语教育；不重视母语的国家，往往出不了人才。这对教育管理者和个人都是一种启发。

有谁想过这样的问题：为什么要学母语？母语在每个人的成长中扮演的角色是什么？

汉语是我们的母语，她是千百年来中华民族智慧的结晶，所以她博大精深。学习母语，不仅仅是掌握一种传递信息的工具，也是一个人智慧成长的过程。即使最简单的一些词语，都包含着这个民族的智慧和文化。比如“推敲”这个普通动词，表示反复琢磨措辞或者斟酌词句，也指对某种情况反复地认真分析研究。其背后就是一个典故。相传唐代诗人贾岛骑驴赋诗，吟得“鸟宿池边树，僧敲月下门”之句。其中“敲”字，初拟用“推”字，贾岛不能确定，便在驴上引手作推敲之状，不觉被大文豪韩愈看在眼里。韩愈问明其故，思索良久，认为用“敲”字好。

一个词就有这么一段诗情画意的来历。这里既有文化，也有审美价值，更饱含着智慧。“敲”在礼仪上是比较合适的，既文明，又保护了对方的隐私权。一个僧人敲门，告知里边的老和尚有人来了，给他时间准备一下，避免一些尴尬的场面出现。为什么说用“敲”字也具有审美观照？静谧的月夜，清凉的池水，酣睡的小鸟，加上清脆的敲门声，静中有动，一幅优美的诗情画意图！如果我们学习英语的对应单词“deliberate”，只是一个苍白的概念而已，远远没有汉语的生动、形象，也缺乏历史的厚度。

汉语具有悠久的文化传统，包含着大量的成语典故、名言警句，它们不仅是智慧、文化，也是一种道德标准、价值判断。例如，来自儒家典籍《论语》的词语就有很多：和为贵、见义勇为、成人之美、既往不咎、巧言令色、三十而立、三省吾身、一以贯之、循循善诱、功亏一篑、登堂入室、言而有信、慎终追远、无欲则刚、临危受命、见利思义、不念旧恶、行不由径、文质彬彬、敬而远之、先难后获、述而不作、诲人不倦、学而不厌、举一反三、分崩离析、祸起萧墙、暴虎冯河、色厉内荏、道听途说、患得患失、求仁得仁、发愤忘食、乐以忘忧、志士仁人、因人废言、杀身成仁等。

语言中还有大量的富有表现力的表达，比如现在流行的“忽悠”这个词，它并不等于欺骗，也不同于欺诈，是很难准确翻译成英语的。而且它含有一种韵律美，这更无法翻译成其他语言。再如，“咱俩谁跟谁呀”，说的是两个人关系很铁，钱财不分，不必计较。这种表达比比皆是，让一个外国人学到这一层是很难的。

如果一个人只能用一种语言来表达事实判断，比如“我买了一个苹果”、“今年我发了3000元奖金”等，那不叫真正掌握了这种语言。很多新加坡的年轻父母，自己的英文水准就是在这种层次上，开始就只允许小孩说英语。他们的英语令英美人听起来吃力，中国人听起来迷糊。新加坡的官方语言是英语，但是这里的英语只是停留在非常技术的层面上，既不精深也不博大。在新加坡，汉语也只在中小学里作为第二语言来学习，很多家庭不说，官方场合也不用。所以我认为新加坡是没有母语的国家，他们只有第一语言。这样的教育环境，只能出技术性的人才，如经营保险、计算机组装等，而不可能出现大思想家、大科学家、大作家。我还真想不起来，哪一个影响整个华人世界乃至整个世界的大学者是新加坡的教育培养出来的。

美国的著名大学麻省理工学院对它的本科生作过一次调查，发现很多学生的母语都不是英语，他们都来自双语背景的家庭。这说明，母语不仅不会妨碍儿童的智力发育，还有利于开发他们的智力，培养出超人的智慧。这个观察不无道理。多语言也就意味着接受多种文化熏陶，有利于培养儿童从多种视角看问题的能力。

这里讲一个具体的例证。2011 年 4 月 20 日，斯坦福大学的杰出数学家系列讲座邀请了普林斯顿大学的 Manjul Bhargava 教授。我也参加了。他看起来只是一个刚过 30 岁的稚气未褪的小伙子，但在数学的各个分支领域已做出了革命性的贡献，他 27 岁获得普林斯顿大学的博士学位，仅仅任教两年就被授予正教授，是普林斯顿大学历史上第二年轻的正教授。这是一个什么概念，讲一个事实就够了，普林斯顿大学的数学系是全世界最棒的。很多数学家是先对自然科学（特别是物理学、天文学）感兴趣，然后专攻数学的。Manjul Bhargava 自己介绍，他出生在印度，他爷爷是一位研究梵文的专家，受爷爷的熏陶，他从小喜爱古梵文的诗歌，发现其中隐藏着很多数学奥妙，由此对数学产生了浓厚的兴趣。他这次讲座的题目就是《诗歌、语言学和数学》，他的爷爷还专程陪孙子来斯坦福大学。可能很多人不清楚，现在印度的官方语言是英语，梵文已经成为古老的书面语了。由此可见，独到的知识背景，特别是语言背景，是很有利于一个人成才的。

我想对中国的年轻父母说句心里话：汉语对儿童的智力成长是至为关键的，一定要把母语学好。而且，英语学习不是越早越好，要在儿童对母语掌握到一定程度时再开始，而且英语的学习不应该以牺牲汉语的学习为代价。

22

美国教师的敬业精神

教师的敬业精神在一定程度上影响学生的学习态度和毕业后的成就。世界上著名大学的办学目标之一，就是招揽世界上各个学科领域最有才华的学者来任教。下面就谈一下这些教授是如何对待教学、如何对待学生的。

美国大学的教师，不管多有成就，都要站在教育第一线上。这里的教师是没有特权的，谁都要给本科生、研究生上课。我在斯坦福大学读博士期间，正值华裔学者朱棣文获得诺贝尔奖。一次我经过物理系，好奇地想看看他们是如何宣传这么一位学术明星的。令我意外的是，他们系的布告栏里没有一张关于朱棣文的宣传画之类的东西，只有一张本科生的课程表，我在上面发现了朱棣文的名字，讲他这个学期给本科生上什么课。

斯坦福大学的学生很幸运，他们在大学期间就能有机会得到这样的大师的教育，他们很早就知道大师是什么样子，这对他们日后成才非常有益。大师的成才奥秘，可能是无法言表的，但是学生可以从观摩中感悟出来。

一个没有大师的学校要出一个大师是很难的，千年等一回，也得靠运气。然而在大师云集的地方出一个大师，是理所当然的事情，人们一点儿都不会感到意外。这就是我国大学所面临的困境：没有大师的学校怎么培养出大师？

斯坦福大学的教师令我印象最深刻的一点是他们对课堂授课内容的认真准备程度。在我的教育生涯中，我在两门课程上下过大工夫：一是“普通逻辑”；二是“汉语语法”。我做到了一个学期不看一眼教材，也不看讲义，规律和例子全部烂熟于心，授课的流畅程度和效率达到最佳的程度。但是为了两个小时的课程，我都要花上好几天的工夫。而且重上这门课之前还要再重温一下这个过程，因为过了一年半载，很多东西都忘了。这种授课方式，学生欣赏，我更受益。但是后来上课就没有这样用心了，老教师变成老油条了，上课之前只要把内容记熟就行，上课时就边看讲义边讲课。

然而在斯坦福大学，具有这种熟练程度的教师比比皆是，而且都是50岁以上的老教师。按照一般的规律，年轻教师有生存的压力，教学比较卖力，备课认真，然而老教师往往都有些松懈，不少脱离教材和讲义都上不了课，还有一些甚至是念课文的。2010/2011学年的秋季和冬季，我系统地听了“数论”和“现代代数”这两门课程，两位教师来去空空，一眼讲义都不看，一上课就是滔滔不绝地讲概念、公式、推理证明，所有的内容都烂熟于心。而且，他们每堂课的劳动强度是非常高的。他们不仅事先要精心准备，上课时的投入精神不说令人感动，也是令人印象深刻。例如，这两门数学课的教师，练就了板书的本领，所有的讲课内容，同时写在黑板上。这里的黑板也是特殊设置的，一般有3层，共6块，可以滑动折叠，而且黑板既大又高，适合于板书多的课程。我统计了一下，在50分钟的课堂上，这些教师要写满满12块黑板以上的板书。有兴趣的朋友不妨自己试一试，即使不说话，写十几块黑板的字的劳动量是一个什么概念？上课时学生提问题，教师在回答时，也是不厌其烦地随手写在黑板上。这种一丝不苟、不打折扣的劳动态度，很值得我个人学习。

当然，并不是所有课程的教师都能达到这种熟练程度。但是有一种现象是绝对没有的，那就是照本宣科。全部教师都是把讲课的内容写在讲义上，时而参照一下。我们做过学生的人都知道，最让人受不了的是拿着教材照本宣科的教学方式，上这种课简直是一种折磨！

不耽误一分钟，这是斯坦福大学教师的另外一种敬业精神。我特别关注了一些细节，写出来供教师们和将要成为教师的朋友们借鉴。

第一，上课时间一到，马上开讲，不等待迟到的学生。我上的两门数学课都是早上九点开始，总有一些学生不能按时到达，教师也不等。有人会觉得这是不是不太为学生着想？其实不是，因为学生具有一种习性，今天等五分钟，九点零五分上课，迟到的学生下次会九点十分到。这样无限地等下去，一节课就不用上了。这其实是一种对学生负责任的态度，告诉他们要养成一个好习惯，下次不能迟到了，否则会错过重要的教学内容。

第二，在上课之前，教师把今天发了什么讲义、该交什么作业、答案从什么地方拿、最近的考试安排、课程有什么变动等信息都写在黑板的一个醒目位置，上课的时候就不再耽误时间说了。更重要的是，迟到的学生也知道当天的安排，不至于错过重要的信息，影响学习。同时教师也不需要反反复复给迟到的学生解释。这一点对我也非常有启发。如果教师要宣布一个重要消息，特别是与考试有关的，如果上课开始时宣布，迟到的学生听不到；如果下课结束时宣布，早退的学生听不到。写下来，谁都不会错过，而且学生们抄下来，不至于忘了，弄错了。

第三，不讲任何与教学内容无关的事情，朴实单纯，没有任何花里胡哨的内容。所有的课程都是如此，这一点最让我震惊。而国内不少大学，鼓励教师只要能用任何办法吸引住学生就行，至于课程本身的科学性、系统性，没有人太过问，去在意。为了提高学生的兴趣，为了活跃课堂的气氛，教师们则使出浑身解数，讲笑话、幽默故事、趣闻轶事、花边新闻，甚至有人还把黄色段子引入课堂之上。学生通常最喜欢这样的教师，期末给这类教师的好评也很慷慨。真正学术水平高的教师，专业课讲得有水准的，往往得不到学生的好评。而很多大学就是根据学生给教师的打分评定奖励的。以学生的学识是没有资格评价一个老师的，他们的评价都是根据自己的感受，那些真正科学的、严谨的知识，学生接受起来一定困难，那么对这门课的印象就不好。以学生的打分来评定教师，不仅会降低教学水准，而且会形成教师讨好学生的风气。

第四，没有提前下课的现象。每节课 50 分钟，如果提前 5 分钟以上完成了今天的教学任务，教师会把下节课的内容提前讲，他们不会让学生自习、提问题、做作业，来把剩余的时间打发掉。

第五，充分利用课堂中的每一分钟。授课中间避免任何拖延时间的举措。这里只举一个细小的环节。在“信息论”课上，一次一个学生提问题，涉及以前的课堂内容，老教授要查找过去的讲义，他边找边说了这么一句话：“为了节约时间，我在查找的过程中，给大家解释一个重要的概念。”这种意识令人感动。

甚至可以说美国教师充分利用每一秒钟。我印象最深的一次是2011年春季上现代代数课，九点钟上课，教师踏着点进来，步子刚迈进教室就开始上课：“今天我们讲……”我坐在教室的第二排，声音从我的后面传来，就像我们听一些现场唱歌那样，演员伴随着歌声走向舞台。这位教师一边说着，一边疾步走上讲台，拿起粉笔继续上课。这就是一种精神，也是教与学何以优秀的精神所在！

一个教师能不能讲出激情，特别是内容抽象的学科，要看这个教师是否达到“好之乐之”的境界。斯坦福大学的教师上课时显得特别精神，精神饱满，激情四射。特别是我的语言学系的导师Kiparsky教授和信息论课的Cover教授，他们年龄都在70岁以上，但是上课中间讲到精彩处，会像小孩儿那样，突然提高声音，激动不已。这种学术老天真，是他们保持创造力的一种体现。他们是真正爱这一行、把生命都奉献给学术的人。Kiparsky是斯坦福大学的学院教授，英国科学院院士，但是给人的一个印象是单纯而又和善的学者，讲到精彩处就像一个小孩那样兴奋不已。

还有一种现象值得我们借鉴，那就是资深教授之间的“不耻中问”。在我修读的课程中，经常可以看到同系的其他老教授也来听课。这是一种风气，教师之间相互切磋，相互学习。西方大学有学术休假制度，教学三年可以有半年不用上课，本来也可以到海外散心，但是有些教师却留在斯坦福大学，边旁听其他教师的课，边做自己的科研。这也可以理解，像我这样的，从新加坡国立大学来到斯坦福大学，这是向人家“取经”；如果斯坦福大学的教授到新加坡去，就成了“传经”。所以为了提升自己，很多人还是选择留在这个大师云集的地方相互取经。我觉得“不耻中问”是最难的。地位低的向地位高的请教，最正常，谁的心里都平衡。地位高的向地位低的请教，很可贵，但是也不是太难，因为问者具有巨大的心理优势，而且还可以落得一个虚怀若谷的美名。最难的是“不耻中间”，因为同辈之间是竞争关系，这需要强烈的好学精神和巨大的勇气。

培养学生的动手能力，教师需要投入巨大的精力，比起备课一点儿不轻松。每门课程都有定期的作业、独立的研究课题，像数学这种性质的课程，都有期中考试和期末考试。教师都会及时地把反馈意见传达给学生，学生据此可以调整自己的学习策略。衡量大学教学效果的一个可靠的指标是，学生能不能及时而经常地得到教师对自己学习的反馈。

导师指导学生写论文的过程，就像制造一个精密仪器一样，每一个细节都不放过，每一个环节都精益求精。特别是博士论文，篇幅长，内容复杂，导师往往会牺牲周末的时间把它看完，一周之内会给学生反馈。老师的反馈越详细、越及时，学生的进步也越快。

大师不是像气球人那样吹出来的，而是通过每个细节、每个过程一点一滴打磨出来的。细节决定成功，对于教育来说，千真万确。相比之下，我们的教育太粗犷了，很多时候教师并没有教学生如何找题目，如何写论文，就让他们在毕业之前完成发表多少多少论文的指标。

美国教师的敬业精神，还表现在他们的执著和专一上。似乎他们只做两件事：教学与研究。这里教师的业余活动就是锻炼身体，没有听说谁还有打麻将之类的爱好。在一个系里，看不到几个关系特别好的教师经常扎堆闲聊这种现象，即使吃饭这个时间，他们都是用来谈科研的。

美国教师的一大本领，令我很赞叹，那就是记住学生的名字，弄清楚班里每个学生都是谁。在斯坦福大学，我旁听过不少本科班课程，小班二三十人，大班五六十人，教师第一、二节课就能记清谁是谁，班上有什么活动，就能叫出学生的名字，而不是手指着学生说“你，说的就是你”，或者“喂，最后一排的中间那个学生”。我们做过学生都有这个感受，教师能这样做，让学生觉得，自己不再是一个抽象的符号，或者仅仅是班里的一个人头，而是一个特殊的“我”，那么就会增加自己的信心、成就感，特别是增加与教师之间的亲近感。这些小小的细节，都很有利于学生的成长。

在美国的校园里，吃饭是一个宝贵的交流学术的时间，我有亲身的体会。举一个具体的例子。20 世纪 90 年代，我在加利福尼亚大学圣巴巴拉分校跟李讷教授做研究，他当时是学校研究生院的院长，行政事务特别多，我们谈学术进展都是在午饭时候。至今我还非常感谢李老师，让他破费了那么多。

曾任耶鲁大学校长的施密德特 2010 年发表文章，对中国教育进行了批评，其中提到：他们的学者退休的意义就是告别糊口的讲台，极少数人对自己的专业还有兴趣，除非有利可图。他们没有属于自己真正意义上的事业。这话有些极端，甚至有些以偏概全。但是从整体上看，美国教师确实大多数都是把教学看做自己的事业的，我们的教师在这方面确实是有差距的。

教师的敬业精神，不仅决定自己的成就，也影响学生的培养。

23

美国学生的好学精神

讲一讲我在斯坦福大学的课堂和校园里的观感。

从课堂学生座位的分布看学生的学习态度。我在新加坡的大学讲过这么多年的课，又在国内几十个大学讲过学，发现一个学生座位的分布规律，前两三排一般是没有人的，后两排座位的人最多。在斯坦福大学情况恰好相反，第一、二排的人最多，后面依次减少，如果人少教室大，最后几排全是空的。

不知道大家是否看出这种分布差别的意义。我们都看过《同一首歌》、《欢乐中国行》，遇到这种场合，人们最想坐的就是第一排和前面几排，掏高价都愿意。为什么？因为可以看清舞台上的明星大腕儿，听清那如醉如痴的歌曲，而且歌手与观众互动时，最有可能选中前几排的观众。也就是说，美国学生上课，如同咱们中国老百姓参加歌舞晚会那样。这样的一种态度，那可是不得了呀！

我这次来斯坦福大学，旁听了十几门课，每次都是坐在最前面。因为我知道这可能是上天赐给我的最好的也是最后的一次学习机会，听什么课完全出于我的喜好，前面一排的干扰最少，效率也最高。

这里的课堂从来不点名，学校和老师向学生摆明一种态度：你喜欢这门课就来，不喜欢就走。其实学生不可能不来上课的，一年三万多的学费，不去上课坑的是谁呀？学生选课有很大的自主性，不喜欢这门课就选别的嘛！假如学生不喜欢，老师强制学生来上课，他们很不高兴，那能学进去吗？还不如让学生利用这点儿时间去干别的，睡睡觉，养养神，然后去干点别的。如果学生真聪明，不听课就会了，那是天才，学校还巴不得这样的人才多出几个。

在新加坡和国内的很多大学，最没有道理的是上课点名，让学生签到，然后把出勤率算入学生最后的学习成绩。这实际上是把学生绑架在课堂上，以学习态度作为评判学生成绩的标准，也是“态度第一”的儒家文化现象。

这种相反的学生座位分布，说明了两种截然不同的学习态度。总是往后面坐，说明学生来上课是被动的，无奈的，不情愿，不感兴趣。在小小的一个教室里，学生尽量拉大与老师之间的空间距离，这透露出学生的态度：他们不喜欢这门课，甚至反感这门课。在这样的气氛中，能培养出大师吗？

东西方大学吃饭的场景也很能说明问题。吃饭的时候，中国校园里最常见的一种现象是：一大群学生凑在一起，大声喧哗，说说笑笑，东拉西扯，什么都侃，就是很少有与学习相关的内容。然而，这个时候的美国小原则是，大部分学生都是各自吃各自的，常常是旁边放着讲义或者电脑，边吃边学，如果有两三个学生在一起的话，大都是在讨论与学业有关的内容。

讲一个我在斯坦福大学的小故事。2011 年 2 月的一天，午饭时间，我打好饭一个人坐在一张空桌子前，因为周边的桌子都坐满了人，一位亚裔学生端着饭问我是否可以跟我坐同一张桌子，这也是美国人的一种礼貌，遇到这种情况都要征求一下先坐下那个人的意见。我当然同意了。当时我心里在想，看看这位学生会不会拿出书来，边吃边看。果不其然，这位学生一坐下就马上拿出一本书来，一直到我走的时候，都还是低着头，边吃边看。这种事情在这里太平常了。

我常常以我 1979 年读大学的学习精神来鼓励现在的学生。那时候学生到食堂排队打饭，都是拿着英语单词卡片在背。在斯坦福大学，从 20 世纪

这个街头艺术名叫“午饭时间”，位于普林斯顿大学校门口大街一旁供人小憩的地方。一名学生坐在一个不起眼的地方，做着美国大学生普通得再不能普通的事情，边吃面包边看书。这是美国学生好学精神的一个定格。

90 年代至今，我看到的情况一直都是如此，吃饭看书太平常了，我那时的学习行为根本就不值得一提。

斯坦福大学的校园又大又漂亮，到处都是凳子、花丛，应该是最适合谈情说爱、花前月下的地方。但我在斯坦福大学生活了这么多年，一到晚上校园里静悄悄的，从来没有搂搂抱抱、亲亲热热这种现象，只见图书馆和各个实验室的灯亮到深夜。

课堂气氛最能说明学生的学习态度。我在美国的课堂从没见到过交头接耳、窃窃私语的现象，大家听课非常规矩、非常安静。但是课堂上时常有学生问问题，问题全都是针对老师讲课的内容的，包括两类：一是学生自己听不懂的地方；二是老师没有讲清楚的地方。在我的课堂上，学生经常问的问题是“这门课是怎么考试的”，或是“作业算多少分”。尤其是在学期开始的时候，学生就这么问，很明显，他们是来拿学分毕业的，不是来学知识的，恨不得让老师给个分数扭头就走。然而在斯坦福大学的课堂上从来没有学生问这样的问题。问什么问题，不问什么问题，反映的是学生的学习态度。

不问问题和乱问问题，都是问题。

新加坡的学生是不问问题的，尊师重道已经达到怕难为老师、怕问问题让老师难堪的地步。各个学生都是规规矩矩，低眉顺眼的。举一个例子。我在讲义上把“新加坡”误为“新加波”，三年中没有一个学生告诉我这个“波”错了。最后还是我自己发现改过来了。他们一定是怕说出来让我难堪。新加坡素以教育好而著称，其实他们所谓的好就在懂规矩上，这种已经被训练得连这么一个小问题都不敢说的学生，还有什么求真的勇气呢？斯坦福大学的学生给我的印象是，老师的这些问题，学生是不会放过的。

在问问题上，国内的学生又走向了另外一个极端，一个是显摆，一个是蔑视讲者。我遇到过这种学生，滔滔不绝发表自己的观点，主持人劝说，还是不听，他们是把请学者来作讲座的时间看做发表自己高见的机会了。还有一些人是不赞成演讲者的观点，断然指出：“你不懂，我认为应该是如何如何。”在中国，不管是学生还是学者，都有一些人总是认为只有自己一个人懂。就像小品《旧曲新歌》中郭冬临的感觉一样：“据我所知，单弦全国就我一个人会唱。”听众是来听主讲者的观点的，主讲者的观点不一定对，但是作为一个听众应该清醒地认识到，没有人强迫你接受任何人的观点，作为听众，你的任务就是弄清楚讲座者的观点就行了，信不信由你。

美国人听学术讲座的文化礼仪很值得我们借鉴。我参加过四场菲尔兹奖获得者的讲座，那场面之大就像咱们办一场著名歌星的演唱会一样。听众中有诺贝尔奖获得者，有美国国家科学院的院士，很多都是各个领域的风云人物，他们一定有自己不同的看法，然而没有一个人站起来说：“我不同意你的观点，我是这么认为的。”不管演讲者的内容如何、听众是否接受演讲者的观点，大家总是把最热烈、最持久的掌声送给这些学术上的大师们。

学生们的好学，还可以从教授办公室的情况看出来。不少人都知道专家门诊，一个专家坐在自己的办公室里，外边有一排凳子，病人坐在上面，一个一个让专家诊断。斯坦福大学教授办公室的门口也常有若干个凳子，教授办公的时间，学生会排着队来问问题，一个一个让教授“诊断解决”。这种场面令我印象特别深刻，在新加坡和其他地方从来没有见过。病人是身体上有问题，学生是知识上有问题。一个需要求医，否则不能健康地生活，甚至酿成大病，最后垮掉了身体；一个需要求师，否则不能成功地学习，甚至最后掉队，完不成学业。

美国学生还有一种做法也许是值得中国的大学生，特别是研究生参考学习的。有一次我路过斯坦福大学的商业中心，这里有食堂、小卖部、银行等，是学校最热闹的地方。我看见一排工程学院的学生在做这么一件事：他们把自己的研究论文的概要漂漂亮亮打在一张大纸上，字体很大很醒目，主要是公式、定理和说明，贴在一块木板上，用一个支架架起来。有很多行人驻足来看，不懂之处就问这些学生，这些学生则耐心解释。这个锻炼具有很大的挑战性，他们要让一个门外汉听懂高深的科学道理。从事理工科的研究者，不知你是否尝试过把自己的研究说得让门外汉也感兴趣？如果一个人做到了这一点，肯定对自己的研究有更深刻的把握。

我有一个推测，美国学生的好学精神，也许与他们的一个巧妙的激励机制有关，这就是很多大学都招一定数量的残疾学生，让他们与体魄健全的学生一起学习。我 1992 年刚到美国的时候，到加利福尼亚大学圣巴巴拉分校探访一位朋友，遇到一位双目失明的美国学生，正在读博士。这件事情一直萦绕在我心头，像我们这些正常人读博士都很吃力，一个盲人如何能够完成学业？过了几年后，那位朋友告诉我，这位盲人同学已经获得博士学位，到莱斯大学（Rise University）任教。虽然只有一面之交，但我已经深深地被这位同学的精神所打动。我在斯坦福大学的校园里，时常看到一些坐轮椅的残疾学生，印象最深刻的还是一位盲人学生，靠导盲犬引导他从这个教室到那个教室上课。每个具有正常思维的学生看到这幕场景的时候，就会意识到自己是多么富有，该有的东西一样不缺，而且都是“原装”的，能不珍惜吗？正常学生不仅受到这些残疾学生好学精神的激励，而且产生了对别人的关爱之情。美国大学招收残疾人的举措，不仅体现了以人为本的教育思想，还有一种激励正常学生的教育理念在里边。

然而根据我在国内读书的经验，不要说盲人，就是肢体有残疾者，国内大学很多对其都是拒之门外的。结果来读大学的都是一些体魄健全者，谁也不多什么，谁也不少什么，结果谁也意识不到自己很富有，谁也不珍惜宝贵的时光。假如我们的大学招生灵活一点儿，招几个盲人优秀生到学校来，看会有什么样的效果？这起码可以从几个中国的著名大学开始实践。

在中国教育史上，学习风气最好、最出人才的地方就是 2500 年之前孔子学院。这最突出地表现在问问题上。

第一，勤问。一部《论语》最多的就是“问这问那”，什么都问，有问君子的，有问政的，有问仁的，有问耻的。孔子学院实行的就是问答式教育。

第二，善问。学生的善问，不仅让老师说出自己的观点，还让老师讲出自己系统的思想。子贡的“问士”是一个典型的例子。子贡问：“如何才能算是‘士’呢？”孔子回答的角度则大不一样：“对自己的行为能够保持羞耻之心；出使他国，能不辜负君主委托的使命。这样的人，可以称为‘士’了。”子贡显然听出这是老师针对自己而说的，他利口善辩，是个外交人才，所以老师才说“行己有耻，使于四方，不辱君命”。子贡也很有抱负，知道像他这样的“士”只有个别人才能做到，那么他还关心次一等的士如何。子贡接着问，孔子就接着答：“宗族里的人称赞他孝顺父母，乡里的人称赞他敬爱兄长。”子贡明白，老师谈的第一类是“国士”，第二类是“家士”，那么一个人还要跟别人打交道，“士”又应该怎么表现呢？因此子贡说：“我斗胆再问，更次一等的士如何？”孔子回答说：“许下诺言后，不问是非曲直，一定守信；做事也不论结果好坏，一定要坚持到底。这一类糊涂而固执的小人，也可以作为次一等的了。这一类的精神确实有可称道之处，然而效果不一定好。”三类士谈完了，俗话说事不过三，子贡还不满足，继续往下问：“如今从政的人又如何呢？”孔子感叹道：“咳！这些气量狭小的人，哪里算得了士？”

子贡善问，一步步诱引老师对士作了全面的阐述，孔子不仅把士分出类别，而且也给出档次。而且子贡也让孔子说出了对当今执政者的看法。

第三，敢问。宰予的胆子很大，什么都敢问。根据《大戴礼记》，一次宰予问老师：“容伊说黄帝活了三百年，请问黄帝是人吗？是人，怎么能够活三百年呢？”孔子的回答也出乎人们的意料：“黄帝活着时人们得到他的恩惠一百年，他死后人们敬畏他的灵魂一百年，离开人世后人们受用他的教诲一百年。这不正好三百年吗？”

第四，追问。据《论语·宪问》，子路向老师“问君子”，孔子只回答了四个字：“修己以敬。”子路不耐烦地说：“如斯而已乎？”孔子又蹦出了一句：“修己以安人。”子路又一句：“如斯而已乎？”孔子再加上了一句：“修己以安百姓。”子路问的技术含量比较低，性急，唐突，让老师发挥失常，水准也不高。孔子后面两句“修己以安人”与“修己以安百姓”，真看不出有什么差别，难道“人”不包括百姓吗？显然，孔子是在搪塞子路的。

正是孔子学院的这种教学氛围，它出了一个影响世界的中华民族的圣人，还出了一批对中国思想文化做出杰出贡献的大人。

一个没有问题的人是不会有所作为的，一个没有问题的学校是不会出大师的，一个没有问题的民族是不会真正强大的。

24

中国人的母校感情为什么淡薄

2010 年，华中科技大学校长李培根在毕业典礼上这样说道：“什么是母校？就是你一天骂很多遍而不允许别人骂的学校。”一时间，在各个大学的校园里和互联网上疯传开来，大概是因为这个定义很经典，道出了大家对母校的共同感受。

我在中国读了两所大学，前后共 7 年，华中科技大学正是我的硕士生母校，而且我还在那里工作了三年。她给我留下了美好的回忆，我觉得她是最为学生着想的学校之一。即使如此，尚且免不了天天被学生骂，其他学校就可想而知了。

我在美国也读了两所大学，前后共 6 年，斯坦福大学是我的博士生母校。从来没有听到学生抱怨学校，更没有听到有人骂学校。斯坦福大学的学费在 20 世纪 90 年代已经是 20 000 多美元了，现在又上升到 30 000 多美元，对绝大多数人来说都是一个大负担，学生更容易带着挑剔的眼光看待学校的事情，更容易发现不满之处。那么，斯坦福大学为什么能够做到令大家都满意呢？

第一，精良的学术队伍、一流的设备和美丽的校园，让每一个来到这里的人都觉得物有所值，为有机会来这里学习感到骄傲，因学校给自己提供的美好前程而信心满满。

第二，老师的敬业精神。学校虽然拥有一大批世界顶尖级的学者，但是他们不是高高在上，只作为学校的招牌挂在那里，而是直接站在教学的第一线，为大学生上课。每个学生都可以得到他们的教诲。大学的老师都做最好的准备来上好每一堂课，对学生的问题都能及时处理，给学生及时的反馈。

第三，学校全方位、多角度满足学生的成长要求。学校开设的课程门类极为齐全，除了专业知识外，还有各种各样的课程，如演讲技能课、求职准备课、高尔夫课等。不管什么样的学生都能找到他们满意的课程。

第四，为学生着想的服务理念。例如，很多学生在学习的过程中，特别是毕业时，需要成绩单、毕业证，学校统统都是免费办理。食堂用餐、书店买书，对学生都有特别的优惠。

第五，学校慷慨为学生。读本科和研究生的学费是很贵，但是经济上困难的学生，都可以得到各种各样的资助。特别是到了研究生阶段，大部分人都能得到资助。一个有家庭、有子女的博士生，借助学校给的资助就可以住上两房一厅二层楼的小别墅，前有自己的停车场，后有自己的花园，还有专门供小孩玩耍的游乐场；剩下的钱，如果计划得好的话，还够一家三口人吃饭。

第六，学校能提供学生走向社会后最需要的技能和知识。学生通过学校学来的知识，可以得到好的职位、好的待遇，具备很好的竞争能力和生存能力。

第七，学校有自身的文化特色，让学生走出校门后永远难以忘怀。斯坦福大学给我留下的最深刻的两点印象是温暖和信任，还有那美丽的校园。

第八，学生得到老师的关注程度高。斯坦福大学研究生班级大部分都在10个人以下，70%的本科生班级都在20人以下。这样每个学生都可以得到老师的关照，每个学生有充分的时间向老师请教问题。

第九，校园建设。斯坦福大学的校园是世界上最美丽的十所大学之一。在离开斯坦福大学的10年中，我真是梦萦魂牵，多次在梦境中回到这里。

我讲一下我个人的亲身感受，请读者来看一下斯坦福大学是如何关爱学生的。我于1996年到斯坦福大学读书，第二年妻子患了肾衰竭，需要换肾。这对于我来说几乎意味着家破人亡，那真是哭天无泪！系主任告诉我，学校有一个紧急资助学生计划，用以应对学生的突发灾难，让学生能够继续完成自己的学业。他向学校写推荐函帮助我申请，学校的该基金委员会召开紧急会议，批准所设立上限的两倍资金。这一笔钱，使得我有能力给妻子买了保险，把她父母从国内接来，又让她的妹妹来美国捐了一个肾给姐姐，这才保住了我的家庭。每当想起这段经历，我的心情都不是感激两个字所能描绘的。

我毕业后这些年，家里的经济一直都不算宽裕，但是每年我多多少少都捐赠一点，只能算是略表寸心而已。

斯坦福大学已达到良性循环。学校每年从学生那里收来的学费，只占学校总开支的30%不到，还有一小部分来自政府的资助，绝大部分是校友的捐款。斯坦福大学具有得天独厚的优势，有很多富有的校友。1991年，在庆祝100岁生日之际，斯坦福大学达到美国大学中有史以来第一个“10亿元校友捐助”的目标。有了充裕的资金，就可以吸引优秀的学生，培养出社会精英，他们将来走出校门富有了，还会反馈母校。

我总是在想一件事，斯坦福大学为了培养我这个博士，为我花了二三十万美元，而我毕业后去哪工作都是个人的自由，她这样做到底图的是什么？在我看来，学校是整个社会最大的慈善机构，为社会输送各种各样的精英人才，造福于社会，但是它们并没有向社会索取什么。所以学校最应该得到社会的关爱。

此外，美国大学得到的捐赠特别多，这与美国人的价值观念不无关系。美国人一般不把财富留给子女，子女的将来让子女自己去奋斗。而且他们富了以后，一般也不讲究奢华的生活。很多人的奉献精神是难能可贵的，把自己大部分的家产都捐给了社会。中国文化中缺少这种精神，传统中最典型的是自己穷奢极欲，好一点儿的是留给自己的后代。中国现在乐善好施者也有，但是为数太少。这种风气应该提倡，特别是培养一种意识，捐赠并不是少数富人的事，每个人都可以根据自己的能力尽一份力。

中国大学的毕业生的母校观念普遍比较淡薄。举一个例证。中国商人张磊2005年毕业于耶鲁大学的管理学院，2010年在他事业成功以后，给耶鲁大学捐款888.888万美元。在张磊看来，是耶鲁大学管理学院改变了他的一生，除了金融知识和企业家精神，耶鲁大学教给了他自由和给予精神。而据耶鲁大学校友会博客透露，在张磊创业之初，耶鲁大学也在资金上资助过他。我很能理解张磊的心情。如果我也经商，富了，首先想到的也是斯坦福大学。很多国人都会认为这是一种不爱国的举动，为什么不捐给自己祖国的学校呢？据说，张磊后来也给自己的母校中国人民大学捐了款。

这里就谈一谈我的感受，探讨一下中国大学生的母校感情何以淡薄的问题。

第一，学校因为经费紧张，总是在学生身上打主意。除了少数几个名牌大学获得国家划拨的经费比较多以外，大部分学校的问题就是经费不足。所以针对学生的各种收费现象普遍存在。只举一个最“伤感情”的例子，很多大学的研究生，特别是博士生，请外审专家、论文答辩的费用，都要学生负担。这就好比儿女在家里住，父母都要收食宿费一样，这样的孩子离开家以后，哪儿还会总惦记着家呢！因为家里和外边没有两样。

第二，学生多，老师和学生无法深入了解，难以建立起师生感情。我1986年读研究生，一个专业的只招收了两名硕士生。学生经常与老师讨论，晚上到老师家问问题，那时候的师生关系非常亲密，这么久还保持着联系。如今，同样的师资，博士生、硕士生加起来一两百人，比我们那时候全国同一专业的研究生加起来都多很多。学生上几年学，除了上课，几乎没有与老师当面谈过，那怎样会有感情。这就像非洲的部落酋长一样，一个人有几百个孩子，父母不稀罕孩子，孩子也不在乎父母。传统的“一日为师终身为父”，到了现在，恐怕就成了非洲部落酋长这样的父子关系了。

第三，资金分配不合理，学生的很多活动得不到资助。这些年来，很多大学都大兴土木，用于学生培养方面的经费少而又少。2010年6月，我到武汉大学作了一次题为“儒家教育思想与中国的教育”的讲座，是武汉大学的团委组织的，事先就问我没有报酬愿意不愿意来，我说没问题，只要有人听就行。我就旅差食宿费自理。最后讲座的效果不错，“超星”学术视频网站录制、编辑后上传到网上，还比较受欢迎。最后学生们送了我一个瓷杯，上面有“珞珈论坛纪念”的字样，我就把这份厚礼一直珍藏至今。这个不是我一个人的事情，假如学生们再想请其他人作讲座的话，在没有任何经费的情况下不知是否能够办成。

第四，学校老师的敬业精神、学术声誉。不可否认，很多教师兢兢业业地从事教学工作，虽然只有那么一点儿微薄的收入。但是也不可否认，有相当一部分老师，只是把教学当成一种副业，打麻将、下海赚钱才是他们的正事。备课是否认真，作业是否按时批改，是否把学生的学习挂在心上，能不能给每个学生有效的指导，都成了问题。这个也不能完全怪罪老师。因为学校的收入相对比较低，学校吸引不了最好的人才，各个学科很难有让学生钦佩的教学科研人才。学生既缺乏可称羡的老师，又产生不了学习的兴趣，他们毕业时怎么会留恋这个学校呢？

第五，没有给学生更多的自由选择自己的学习。目前的普遍状况是，大学对学生的学习规定太死，学生学了很多不感兴趣的课，感兴趣的课又无法学，他们总是感觉郁闷。

第六，没有给学生必备的知识。学生在学校里的学习过于单一，内容也与现实结合得不太紧密，走上社会后英雄无用武之地，学非所用的现象特别多。大家都知道这么一件事情，一位北京大学毕业生去卖猪肉。北京大学肯定没有开设“割肉”专业。将来这位“猪肉大王”发迹了，也许现在已经发迹了，他会给北京大学捐款吗？即使捐了，北京大学好意思收下吗？

管理体制也会影响学生的情绪。很多办事人员觉得自己在学校里大小一个领导，连老师都惹不起，更不要说学生了。如果学生办点儿事，总觉得不顺利，他们就很难培养起对母校的感情。其实，学生不满意的不仅是老师，还有那些办事人员。

学校本来是学生的一个家，但是这个家好大，没有人在乎他，离开了就忘了。这是当今教育管理者应该深思的问题。

25

最能激发创造力的环境

不论是影视作品还是报纸，一涉及学校或者科研单位，气氛马上变得紧张肃穆，学生专心致志，老师严肃认真。很多学生的活动场所，如教室、图书馆、实验室，还经常可以看到“团结紧张、严肃活泼”这样的标语口号，其实主要强调的是“紧张”和“严肃”。

然而，灵感和创造力往往是在轻松的气氛中，在不经意之间，才能被激发出来，最为活跃。古今中外成功的典型都是如此。恰好相反，过于严肃紧张的氛围，反而会遏制甚至扼杀灵感和创造力。

先从孔子学院说起。在中国教育史上，孔子学院不仅有最伟大的老师，也有一批最出色的学生。他的一大批弟子不仅是当时社会上的显达，他们还积极参与创造儒家思想，今天这已经成为中华民族宝贵的文化遗产。

大家都记得《论语》中的那段精彩描写，孔子与四个弟子谈心，让他们说说自己的志向。子路和冉有一开口就是政治，公西华则谈祭祀，都不是太有趣的话题。这时候孔子问曾皙：“阿点，你的志向如何?”我们看到了下面一幕情景。

> 鼓瑟希，铿尔，舍瑟而作。（《论语·先进》）

别人在谈话的时候，原来曾皙一直在弹瑟。老师问到他时，还意犹未尽，逐渐放慢弹奏，最后还“铿”的一声才放下瑟，站起来和老师说话。

这透露给我们一个重要的信息，孔子谈话是在一个十分放松的情景下进行的。孔子学院的教学基本上是这种谈话方式，形式随便，你问我答，而且还允许学生带乐器上课，别的学生谈论问题，没被问到的学生还可以弹奏音乐。曾皙并没有因弹瑟而思想开小差，还是认真听着其他同学的发言，所以孔子问他时，他才能回答：“我的志向和他们三位不同。”

现在大家都提倡寓教于乐，但是还没有听说过哪个学校允许学生上课带乐器弹奏的。如果上课过程中，有轻柔的音乐伴随，是否能够提高学生的学习效率，也许是一个值得研究的课题。我是听说，奶牛听音乐会增加产奶量，但是不知道学生上课听音乐是否会促进思考。

其他几个人的话题都很沉重，而曾皙的志向却像音乐那样，轻柔美妙，他说：“暮春时节，春装已经做好，和五六个同龄人，加上六七个小朋友，到舞雩台上吹吹风，再一路唱着歌回来。”严格地说，这不是什么志向，而是一次春游计划，曾皙可能就是由音乐联想到的。曾皙本来是跑题，但是却中了头彩，孔子长叹一声说：“我赞成阿点啊！”

孔子是一个很有情调、很浪漫的老师。后世的宣传，特别是画像和雕塑，把孔子刻画成一个不苟言笑的哲人，这与真实的孔子不知相差多少！孔子有时候就像一个天真烂漫的儿童一样。除了弹拨乐器外，孔子还酷爱歌唱艺术。孔子同别人一起唱歌，如果认为别人唱得好，就一定让他再唱一遍，然后自己再跟着他唱（《论语·述而》）。孔子实际上是一个非常活泼可爱的人，与我们后世所想象的老夫子形象大相径庭。这从一个侧面反映出孔子的学习态度，发现差距，然后虚心向人家学习。保持几分童真，是很多大思想家、大科学家的共同特征。

很多伟大的科学发现，都是在“不严肃”的场合产生的。

大家都熟悉一个典故，牛顿提出万有引力定律，是一个人躺在苹果树下休闲的时候，突然从树上掉下来的苹果给他以灵感。实际情况是不是如此，不得而知。然而牛顿的三大经典力学基本运动定律和他的一些重要思想，都是在闲适的时期产生的，这些都是事实。那时候瘟疫流行，剑桥大学只好停课，牛顿回到自己的家乡，既不用听课，又没有作业，完全从学校的压力下解放出来，驰骋自己的想象，身心自由自在，灵感和创造力被超值激发出来。假如没有这次灾难赐给他的机会，每天得应付没完没了的功课，时时担心老师布置的任务，真不知道牛顿还是不是牛顿。

爱因斯坦的相对论是怎么产生的？他上班时坐公共汽车，看到大楼里的电梯升降，突然产生一个假设，假如一束光从电梯的一侧射入，会产生什么样的效果？他就是根据这样一个现实的模型，来建立时间和空间的关系。大部分人都有坐车上班的经验，都是匆匆忙忙地赶到学校、研究所做事，殊不知上下班的路途可能就是破译百思不得其解问题的灵感源泉。

沃森和克里克共同发现了 DNA（脱氧核糖核酸）双螺旋结构，这一发现开启了分子生物学时代。实验室里得到的 DNA 数据，奇怪而难以破解。一次他们去看电影，望着电影院的螺旋形楼梯，突然想到这不就是 DNA 的结构吗？看电影纯属休闲娱乐，他们却能从中做出重大的科学发现。

很多学校的校徽，各种科学杂志的封面，都有原子模型，就是中间一个小圆球，外围三个圆圈。但当原子结构之谜还未破解之时，原子的结构到底如何，这是无法通过直接观察而得知的。汤姆逊在梦中看到一条蛇咬着自己的尾巴，他从这个奇怪的梦中得到启发，从而建立了原子模型。

科学发现是没有条件限制的，躺在草地上休息，坐车上班的路上，去电影院看电影，甚至做梦，都是重大科学发现的契机。

在语言学科内部，我提出了一个人类创造和习得语言的模型，有些同行颇不以为然，这样批评我：石某某的观点都是些廉价的玩意儿，一个人喝茶的时候，一拍脑袋就可以想出来。我的观点也不一定对，更谈不上有多伟大，但是这些人的反驳角度也太小儿科了。难道喝茶比睡觉、坐车、看电影还不正式吗？茶叶起码还有醒脑的作用，有助于把问题想清楚。

孔子教导我们说："食不语，寝不言。"（《论语·乡党》）吃饭的时候不要说话，睡觉的时候不要聊天。这到底有没有什么科学道理，没人去想，反正这是老祖宗传下来的古训。自古以来，咱们做事情就分得太清楚，常言道心无二用！在这一点上，西方的教育正好与我们相反。

我在斯坦福大学读书期间，得到一个美差事，中午吃饭的时候和人聊天，一次12美元。东亚语言学系有不少学生在学汉语，他们需要一个练习说汉语的机会，就让我中午12点打好饭，到一个小教室里去，大家都是边聊边吃。一边喝咖啡，一边品尝着美味的菜肴，一边说汉语。一个学生在正咬下一口牛排时，听到一个汉语新说法，那个记忆效果真叫好，以后一吃到牛排就想起这个汉语表达，永远忘不了！

斯坦福大学的很多系科都有一个“午餐盒讲座”(lunch box talk)。大家不要误会，这不是关于如何改进午餐包装的洽谈会。这是安排在中午12点至下午1点的午饭时间的讲座，请的都是世界各地的大专家。大家都端着自己的午饭，有从自己家里带的，有在食堂买的，有中餐，有西餐，什么颜色看不清楚，但是什么味道都能闻得到。要在讲座中提问题，很多人得先把嘴里的食物咽下去，才能流畅地提问题。

咱们中国人的第一反应就是，这也太随便了吧！似乎对讲者不太尊重。其实，他们根本就没有这种观念：把吃饭看得不严肃，把学术讲座看得太严肃。美国的大学是没有“午休”这个概念的，从早上8点到下午6点，每个小时都是上课的时间，自己安排时间去吃午饭，更没有人给你时间再去睡个午觉。因此，经常可以见到这种场景，有些上中午课的学生，没有时间吃饭，就把买好的饭带到教室里去吃，老师也没有不高兴的。

我在斯坦福大学上过一门课，可以叫做“必胜客教学法”，是我在2010年秋季上的一门数学系的课，安排在每周一下午的6点至9点。课程的名称为“波利亚数学解题”，是为纪念世界著名数学家、已故的斯坦福大学的教授——波利亚而如此命名的，目的是培训参加大学生数学大赛的学生。老师只讲十分钟左右，主要是讲些方法，然后发给大家一张数学问题单。这时事先订好的一盒一盒的必胜客送到，什么品种都有，外加各种饮料，学生从教室里蜂拥而出，排队吃“大餐”。一手拿着必胜客，一手拿着数学题，站的、坐的、沉思的、谈论的，什么姿势都有。过了大约三四十分钟，大家又陆陆续续回到教室。对老师的问题有答案的同学，开始在黑板上演示，然后大家讨论，老师评判。

这种授课方式成效如何？我讲两点，大家来看一看。第一点，我参加了很多系科的课程，都是第一周的第一堂课的人数最多，然后递减，因为学生第一周大都是试听，看看哪些课适合自己，然后再正式决定是否选修。唯独这门数学课，第一堂课学生还不算多，原来安排的教室还可以坐得下，第二堂课学生都站到教室门外了，后来就搬到一个大型阶梯教室。因为第一堂课大家还不知道有吃的，上课的同学们回去一传，本来不感兴趣的同学为了这顿免费的晚餐就来了。确实有些同学由此而对数学产生了兴趣，“都是必胜客惹的祸”。第二点，斯坦福大学在这种大学生数学竞赛中，成绩一直名列前三名，秘诀之一就是用美食吸引学生，用佳肴留住学生。

一学期下来，这门课的必胜客、可口可乐、橙汁、矿泉水费用，大概3000多美元，是一位小商人赞助的。比尔·盖茨捐赠的，都用作盖计算机系的大楼了。这种别出心裁的授课形式，不知给多少学生留下了美好的印象！这位小商人的钱真是花得有意义。现在中国人也富裕了，有些人请一次客都不止这些钱。怎么让钱花得更有意义，恐怕是很多人该想而没有想过的问题。在此，斯坦福大学给了这些人一个启发，可以捐助一门课程。

这是两种不同的思路。我们把吃饭和休息看得很神圣，一切都要为它们让路。在西方人看来，生活渗透着学习，学习融入生活，是很正常的一件事。我们的教育管理者不妨换个角度思考一下这个问题，也许能取得更好的成效。

了解东西方情况的教育工作者，大都有这样一个感受：我们的学生不能说不刻苦，发愤学习的人大有人在，一早学校里就有朗朗的读书声，一年上课的时间也比西方大学长，但是出大师的比例远比人家低。然而，在西方的大学里，学生们看起来悠闲自得，每年的假期远比我们长，但是各个领域的风云人物却远比我们的多。其中的因素很多，其中一个就是如何利用吃饭和午休的时间。简单算一下，按照夏季的作息时间，中国的大学是临近12点下课，一直到下午两点半上课，大家都要午休，睡得沉者一个半个小时都清醒不过来。据说，上海的某些高校取消了午休的时间，应该总结一下效果，向全国推广。

还有一个容易被人忽略的条件，那就是地理位置和气候条件。理想的地方应该是风景优美，四季分明，气候宜人。人们都注意到这个现象，影响人类的伟大哲人，如西方的柏拉图、亚里士多德等，东方的孔子、庄子等，都是生活在四季分明的亚热带地区。当今世界最著名的大学，如剑桥大学、牛津大学、哈佛大学、斯坦福大学等，几乎都是位于北纬40°～50°，与古代哲人生活的地域范围完全重合。这说明四季分明的地方，有利于人们提高大脑的工作效率。气候过于炎热，或者过于寒冷，是不利于大脑工作的。

孔子说："智者乐水，仁者乐山。"其实，不论是智者还是仁者，都是既"乐山"又"乐水"。智者是对自然规律思考，仁者是对社会关爱。徜徉于山水之中，宁静的环境，清新的空气，最容易诱发灵感的火花。历史上不少科学的发现、哲学的思辨、文学的才思，都是大师走出书房，在"行到水穷处，坐看云起时"想到的，从"白云回望合，青霭入看无"中得来的。理想的学习环境应该没有都市的喧嚣和嘈杂。

放松的状态有利于灵感的出现，但是那是有条件的。平时得"为伊消得人憔悴"，有挚爱，到了正月十五看灯会时，才能"蓦然回首，那人却在灯火阑珊处"。发明创造的灵感火花总是青睐于那些辛勤耕耘者。

26

出大师的校园环境

2005 年温总理去看望钱老时，钱老就对温总理说："现在中国没有发展起来一个重要原因，就是还没有一所大学能够按照科技发明创新来培养人才，没有独特的东西，老是冒不出杰出人才，这是个很大的问题。"大学是培养人才的小生态环境。那么，什么是"按照科技发明创新来培养人才"的大学，就让我们看看当今最著名大学的成功范例，以资借鉴。

大师不是天生的，也不是单靠自我奋斗就能成功的，必须有一个孕育成长的环境。我把这个环境分为大小两种："大生态环境"指的是社会历史、文化传统等；"小生态环境"指的是大学（包括中小学，这里主要谈大学）。先看大学这个小生态环境。

首先要让学生看到大师是什么样子，让年轻的学子知道，大师既不神秘，也不遥远。斯坦福大学除了自身大师云集外，每年还把各个学科最优秀的学者请来讲学。下面只讲 2010～2011 学年我在斯坦福大学访问期间亲历的几件事。

斯坦福大学化学系举办一年一度的“William S. Johnson”学术讲座，参加者必须是诺贝尔奖获得者，迄今为止已经举办了25届了。2010年10月这届参加者的名单如下：

名字	获奖时间	单位
Elias Corey	1990	哈佛大学
Andrew Fire	2006	斯坦福大学
Robert Grubbs	2005	加利福尼亚理工学院
Roderick MacKinnon	2003	洛克菲勒大学
Stanley Prusiner	1997	加利福尼亚大学旧金山分校
Richard Schrock	2005	麻省理工学院
Ada Yonath	2009	维斯曼学院

看了这阵势，那是什么感觉！别说一般人没资格参加，连旁听都不行，得买票，一张200多美元，比任何体育娱乐节目的门票都贵。这就是知识的价值体现！我为了一睹这些大师的风采，特别是为写这本书搜集些材料，下定决心要买一张，可是一问，票早就卖完了。斯坦福大学的校园里，最热闹的就是这种学术活动，任何歌舞表演，任何演唱会，都没有这种学术活动的吸引力大。

现在中国经济发展了，富翁也多了。捐款者的思路应该开阔一些。目前我所知道的就是捐钱盖大楼，因为大楼存在时间久，捐款者的名字也可以镶嵌在上面，也反映了那种观念：大学就是有大楼的地方。但是捐钱盖大楼，通常需要大笔的资金。资金不那么多的企业家，也可以考虑捐钱办一个系列学术讲座，上面这个系列讲座就是William S. Johnson捐款资助的。再退一步，也可以捐助一个课程。例如，2010年秋季我听的数学系的“波利亚解题课”也是以个人名义捐赠的，给师生提供可乐与必胜客，一学期两三千美元就可以了。还有些捐助一个教授位置，也就是以捐赠的资金设立一个教授位置，这位教授就从所捐款项中领取工资。这在斯坦福大学非常普遍。

总之，我给那些先富起来的人的一个忠告就是：解放思想，打开思路，不拘一格地支持中国教育，功德无量！

话又说回来，那些有机会听这些讲座的学生，可以了解这些大家的研究思路，知道他们关心的问题，这样使得他们在事业的早期阶段就有可能获得重大的突破。

虽然与这个清一色的诺贝尔奖获得者的学术讲座失之交臂，但是我有机会听了物理、数学和心理学等系科举办的多个高端学术讲座，邀请的都是各个领域的大师级的风云人物。这里先介绍数学系 2010 年秋季和 2011 年春季请的两位学者，读者也许会更感兴趣，因为他们都是华裔，也是仅有的两位获得数学界最高奖菲尔兹奖的华裔学者，一位是加利福尼亚大学洛杉矶分校的陶哲轩，一位是哈佛大学的丘成桐。诺贝尔奖是没有数学领域的奖项的，菲尔兹奖就是数学界的诺贝尔奖。

我没有能力评价他们的学术成就，也没必要去评价，只能说可以多少欣赏一点儿，看个热闹而已。

陶教授一共讲了三次，我都去听了，两次是针对数学专家的讲座，技术性太强，我基本听不懂。只记得他讲了一个概率规律，当事件趋于无穷大时，很多规律才能显示出来。他给大众作了一场讲座，题目是“宇宙的梯子”，讲述西方学者从古希腊到现在，如何利用简单的初等数学知识来计算各种天体的大小与其间的距离，这个我基本听懂了，我认识到了东西方人的思维上的深刻差别。后来为了搞清其中的细节，我还向陶教授索要了他的课件，陶教授毫无保留地送给了我。

陶教授的讲座地点是在两层的超大礼堂里，类似一个歌剧院，但是座位还是不够，走廊上站的都是人。事后，斯坦福大学的学生评价是：陶教授是活着的人中最聪明的。我听了陶教授的报告后，立刻在我的学术生涯中增加了一位佩服的人。陶教授 20 岁获得普林斯顿大学的数学博士，24 岁被加利福尼亚大学授予正教授，30 岁获得菲尔兹奖。

丘教授的讲座相对比较好懂，主要讲他的成长过程和介绍自己的一本新书。不仅别人认为他牛，丘教授自己也认为自己牛，他的开场白是：“我为有机会来这里演讲感到很骄傲，希望大家也为我的到来感到骄傲。”第一句话可能是客套，第二句话才是真心话。不过丘教授也有这种底气，更有这种资格，我就为能有机会聆听丘教授的讲座而自豪。讲座之后，我还买了丘教授的一本书，恭恭敬敬让他签了名。这是我第一次这样做，以前都是别人买我的书，让我签名的。

丘教授主要介绍他的成长过程和线性理论（string theory）。丘教授的成长过程有两点很值得借鉴：

第一，在读书期间敢于挑战自己，听自己完全不懂的学科的课程。在加利福尼亚大学伯克利分校读博士期间，他选了一门物理课，让他最痛苦的是整个教室的学生中，就他一个人一个概念也听不懂。恰好就是这门课让他搞懂了一个概念，最后在数学领域做出了重要的突破。

第二，要在数学上有所突破，就必须走出数学，不能只搞数学。他的新理论主要是根据当代物理学的进展，对微观世界研究的深入而做出的数学模型。听他的报告，最让我印象深刻的是，像小说虚构情节一样，数学也可以凭想象虚拟出一个系统来。丘教授讲，虽然他还没有为他的理论找到现实模型，还没有得到实际应用，但是他相信会有这一天的。

丘教授的新理论给我另外一个启发，虽然科学发现需要想象力，但是不是狂想。数学的新概念、新思想，往往是受其他学科新进展的启发。如果没有物理学对微观世界的各种突破，也就可能没有丘教授的新数学理论。相反，很多物理学的重大发现，也要借助新的数学工具。所以说，科学是个系统，各学科既互相促进，又互相制约。一个国家，没有全局性的科学发展战略，也不大可能在某一个学科领域做出重大的突破。

这里讲一个大师的花絮，说一说丘教授与红葡萄酒，这也与做学问的风格有关。丘教授不仅学问出类拔萃，而且也潇洒倜傥。他作讲座时旁边放了一大杯红葡萄酒，边讲边喝，讲完了，一杯葡萄酒也喝得差不多了。这是我第一次见有学者在讲座的时候喝葡萄酒，而且还是个数学家，大大改变了我长期以来的一种观念。以前，我一直认为，只有诗人或者文学家才会在喝了酒以后工作，才能有灵感写出朦胧诗，写出有想象力的作品。因为酒兴可以抑制住一个人的理性思维，一个人太理性了就不可能成为文学家，只能当科学家。现在我认识到，数学专著也可以被当做诗那样写。其实，丘教授的新书《线理论与宇宙隐藏维几何》（*String Theory and Geometry of the Universe's Hidden Dimensions*）就有几分像诗歌，优美、流畅、富有想象力。

美国人的学术研究做得很洒脱，传播学术的方式也很洒脱，经常是边吃边喝边谈论学术。2010 年秋季，斯坦福大学的哲学系请来一位剑桥大学的教授作讲座，我也参加了。他们买了葡萄酒、水果和食品，听众都在大口地嚼，大杯地喝。因为空腹，我是一杯酒下肚就上头，晕晕乎乎地听讲座，别有一番体验。主讲者报告完之后，也开怀畅饮。我认为，不把学术看得太正经，在这种轻松的气氛中交流，也许在不经意之间就激发出灵感。

太拘谨的人，是做不好学问的。从陶教授讲座的不修边幅，到丘教授讲座喝红酒，到哲学系讲座边吃边喝，给我一个启发：做好学术，精神上要放得开，要洒脱。很多大师在别人看来，都有些不正常，实际上这正反映了他们较少受到世俗的束缚，是高士的风流。

斯坦福大学自身就是个大师云集之地，什么样的荣誉都有，什么样的人才都不少，然而他们还是要邀请其他大学的名人来交流，想尽一切办法让学生接触各个领域的最新思想。然而，我以前听到一位北京大学的教授说过这样一句话："北大教授还用出去开会吗？"那意思就是说，北京大学已经是老大了，怎么还要向老二、老三学习，那不是越学越差吗？这种观念不知道现在还有多少人有。与人家的境界之差，一目了然。

再看看学校的装饰美化方式。中国的很多大学，走廊里、大厅里都是名画、山水照片，也有不少字画，最多的是励志的标语口号。例如，我看到一个大学的走廊里挂着这样的画，维纳斯、金字塔、卢浮宫、敦煌，展示的都是些历史文物和风景名胜，而且都是镶嵌在漂漂亮亮的镜框里。不让墙壁空白这是共同的，然而东西方大学的墙壁装饰方式和内容大不一样。

我特意观察了斯坦福大学的语言学系、心理学系、物理学习、计算机科学系，它们墙壁的主要位置，都用来介绍本系教授和其他大学教授最新的研究成果，并不仅仅是摘要性质的文字介绍，而是把详细的数据、推导过程、主要的结论都展示出来，相当于一篇论文的缩写。纸张很大，需要耐心才能看懂，并不是走马观花瞟一眼就行了。

地理系的走廊就像一个地质博物馆一样，陈列着各种矿石的样品，还有很多照片介绍本系师生野外考察的情景。

最奢华的就是物理系的走廊，走廊的墙壁上到处都是大型的彩色屏幕，不断转换画面，展示着各种微观世界的结构，确实给人一种非常新奇的感觉。美的东西往往是有规律的，不论是视觉、听觉、味觉都是如此，自然界的各种规律都富含着审美价值。

即使地板上也不放过。我走访了机械工程和电子工程系新落成的大楼，地板上镶嵌着金属板，上面雕刻着励志性的言辞。其中一个这样写道："我是一个工程师，要为人类服务，实现人类的梦想。——匿名者。"

这是斯坦福大学心理学系的走廊，到处张贴着心理实验的成果，走进他们的大楼，扑面而来的是浓郁的学术气氛。在这种真真切切的环境熏陶之下，学生逐渐对专业产生兴趣。

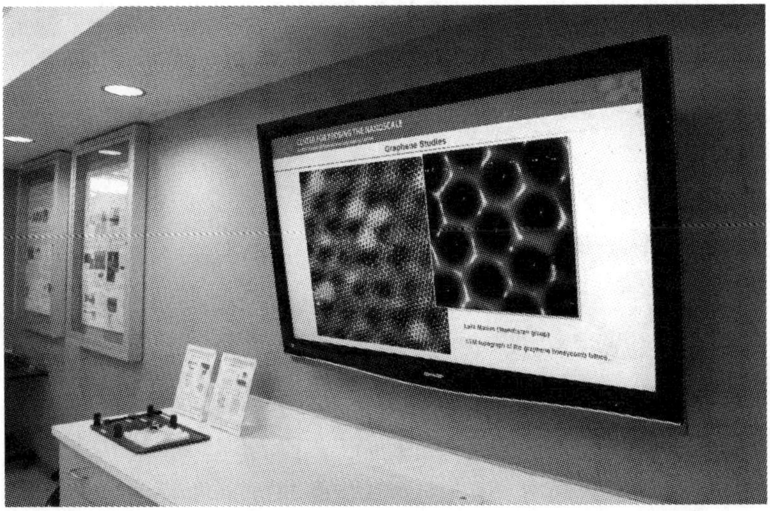

斯坦福大学物理系的走廊里，墙壁上挂着几个等离子电视，不断播放着微观世界的各种图片，令人觉得美无处不在，吸引学生不断探索。

中国的大学是用艺术品来点缀校园的，斯坦福大学则是用本学科的发现和规律来装饰走廊的。这两种风格会给学生带来不同的潜移默化的影响。我们的学生天天看到的是风景名胜，那么他们很可能这样想：我现在

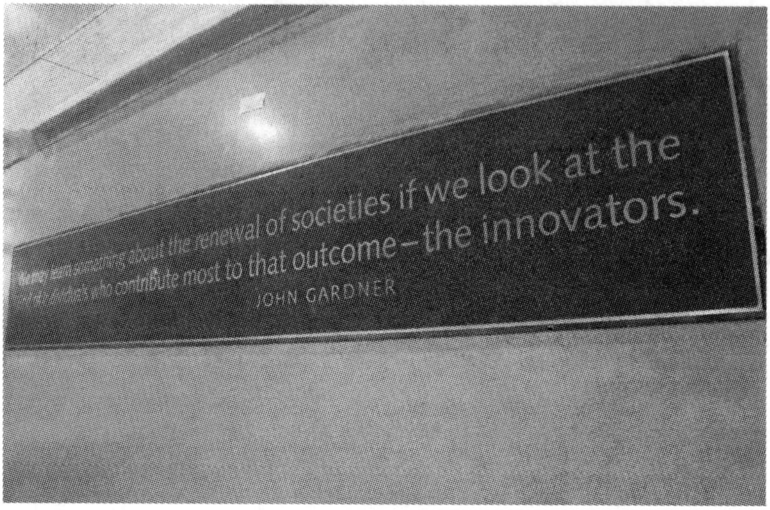

斯坦福大学工程学院大厅地板上的金属牌匾，雕刻着 John Gardner 的一句格言：“如果我们留意一下那些创造发明的杰出人才，就会知道社会何以能够进步。”

一定要努力学习，将来毕业后可以赚足够的钱，到世界各地去旅游，目标是赚钱和游玩。然而美国的学生，天天看到的是本学科的新发现、新规律，耳濡目染，认识到原来这个学科这么有意思，一定要努力学习，去探索新的规律。

写到这里，我不禁佩服美国的大学培养学生学习兴趣的责任感，真是煞费苦心，连地板这样的地方都想到了，让学生在不知不觉中产生对科学的挚爱。

关于网络上发布的消息、讨论的内容，东西方大学也截然不同。我经常浏览美国几所著名大学的网站和很多系科的网站，内容单纯得不能再单纯了，似乎他们只做一件事——学术探讨。内容主要有这几类：讲座或者学术会议的信息；新人员介绍；老师们取得的成果和荣誉；针对某一话题的学术争论。

再看看中国大学网站上的信息，门类繁多，铺天盖地。由此可以看出中国大学的师生整天忙的是什么，时间和心思都花在了什么地方。第一类是防止被骗被盗；第二类是哪里有便宜商品；第三类是分发各种福利通知；第四类是最近有哪些文艺演出；第五类是填报各种课题、职称、年终报表；第六类是领导会见了什么人。看看这些就知道我们的学生和老师过得多么累，哪里还有什么心思和时间去学习、做研究。国内一所著名大学的院长告诉我，他整个学期就写了个论文摘要，时间全用于行政事务了。在这种环境中，即使你具备成为大师的潜质，也成不了大师。相反，在美国这种单纯的学术环境中，即使智商不那么高，也能做出一定的成就。

斯坦福大学的校园里，大大小小、各种领域、不同层次的讲座、讨论会、学术会议，时时都有（除了晚上休息），到处都是。每天我写书写累了，在校园里走走，看到的有匆忙赶路的学生，有坐在凳子上读书的人，透过玻璃窗看教室里，见到大家都在讨论着什么。我每天的直观感受就是，在这恬淡、闲适的校园里，人们都在忙着探究着什么，思考着什么。

宽松而温暖的校园气氛，平等而和谐的师生关系，也是孕育大师的条件。

在我看来，西方的师生关系有时平等得都有点儿不近人情了。在开会的时候，学生先到有座位，教授后到没座位，就坐在地上，坐在窗台上。我参加过这么多次学术活动，没有见过一次学生给教授让座位。有时70多岁的老教授也只能坐在地上、坐在窗台上，我看了心里都过意不去，但是在这种文化氛围之中，我也不好意思贸然让座。不过有一点可以放心，这些教授绝对不会不高兴，认为这些学生不懂事，没礼貌，更不会因此对学生有看法。

早上上课前学生见到老师，不要说没有起立、敬礼这些环节，就是相互说一个“good morning”也没有。你也不用讨好我，我也不用讨好你，都把各自的事情做好就行了——学生学好自己的功课，老师教好自己的书。

学生称呼老师，不要说称呼官位，就是老师的头衔也不叫，直接叫名字。学生称呼老师名字，老师称呼学生名字，就像同学之间或者同事之间那样平等。作为一个学生，能在形式上与大师平起平坐，那是一种什么感觉！久而久之，学生自然可以获得自信。

除了其他方面平等，在学术讨论中也是谁也不理让谁，真理面前人人公平。在学术讨论的场合，每个人都是自由的、独立思考的个体。在这种场合礼让老师，看起来是一种好品德，实际上是不利于科学求真的。

多元文化背景的教师结构和学生来源，也是产生灵感、激发创造力的因素之一。这可以从袁隆平的水稻杂交中得到启发，他把野生的稗子与养殖的水稻杂交，产生强壮的新一代水稻品种，大大提高了水稻抵抗病虫害和自然灾害的能力，从而显著地提高了水稻产量。学习和学术研究也是如此，近亲繁殖必然导致一代不如一代，文化科学背景过于单一，也难有重大的持久的科学突破。美国的社会环境和经济实力，能够把世界各国的最优秀的人才吸引过来。学校办好了，也能吸引各个国家最优秀的学生来读书。一个学生，或者一个老师，置身于这样多元化的环境中，如切如磋，他们的视野、他们的胸怀、他们的思路，就会大不一样。

精良的图书情报资源和为师生着想的服务意识，也是必需的条件之一。图书馆资料要全，而且设施要现代化，还要加强图书馆之间的协同合作。斯坦福大学的图书馆，与哈佛大学、加利福尼亚大学伯克利分校等著名大学的图书馆之间签有协议，资源共享，老师和学生都可以跨馆借书。图书馆的开放时间要配合老师和学生的习惯，大学的主要图书馆的开放时间都是从早上8点到凌晨12点，周末和期末考试期间，一周开放7天、一天开放24小时。图书馆里设有沙发、讨论厅，供读者小憩或者讨论问题。图书馆附近还设有咖啡馆、餐厅，方便读者连续作战。

还有一个容易被人忽略的因素，那就是空间。这包括休息的空间、讨论的空间、吃饭的空间、散步休闲的空间，只有具备了这些空间，才能保证学生的思想空间。课堂上只是接受知识，要消化、理解知识，让知识在大脑中发酵，特别是要诱发灵感，最佳的时机则是吃饭、睡觉、散步的时候。孔子说“学而不思则罔”，思考必须有一个安静的环境。

斯坦福大学的本科生一般是两个人一个房间，研究生则是一个人一个房间，有家属的研究生则是一家一栋小洋楼，楼上楼下两层，下面是客厅、厨房，上边是两个卧室，都还有自己的花园。还有一项比较奢侈的权利是，很多学生可以向学校申请一块地方种地。学校还有大片的林地，每个人都很容易找到一个不受任何人干扰的地方散心。这些条件看似与学习无关，其实对一个人思考学术问题很有帮助。历史上很多重大的科学突破，都是在休闲的状态下取得的。

与我1979年上大学时的条件相比，国内大学的条件已经有了巨大进步，但是对一个学生的成长来说，还有很大的改进空间。吵吵嚷嚷的环境，挤挤抗抗的生活，想清一个问题都难，更不要说创造了。

总之，美国校园的氛围与我们的校园差别太大太大，他们培养出来的学生的素质也与我们的学生差别很大。希望上述成功范例能对我们大学的管理者有借鉴、启发之功用。

27

出大师的社会环境

各个学科的国际级大师，他们的分布非常不均衡，集中在少数国家。这是因为孕育大师不仅仅取决于学校这个小圈子，也需要一个大的生态环境，这就是社会的大气候。这就像我们的国宝大熊猫一样，就生存在四川西部和甘肃交接的一带，因为大熊猫的生存依赖于一个合适的生态环境，包括植物、气候条件、地理环境等。

不论是社会科学领域，还是自然科学领域，世界级的大师集中在非常少的几个国家。诺贝尔奖是一个相对比较客观的指标，按照获奖的人数多少排名，依次为美国、英国、德国、法国、俄罗斯。这些国家不仅是科学领域获奖人数多，数学（诺贝尔奖不设数学奖项）、哲学、文学领域最有影响的大师也多。我们不能由此而得出种族优劣论，因为最明显的证据就是中国，虽然迄今为止中国的教育没有独立培养出诺贝尔奖获奖者这种人才，但是华人在海外表现不俗，诺贝尔奖和菲尔兹奖获奖人数加起来已经有 9 名。但是从再高一个级别来看，即亚里士多德、牛顿、达尔文、爱迪生、培根、黑格尔、爱因斯坦这种级别的人才，中国可与之比肩的大概只有孔子。

大师的集中分布现象，说明大师的孕育和生存也需要一个生态环境。一旦有了合适的生存环境，大师就可以从各个领域中孕育出来。大师的生存环境包括学校这个小环境和整个社会这个大环境。有些问题我们已经在前面几章讨论过了，这里只概略地谈一下“大生态环境”所包含的十种因素。

第一，大众的思维水准。

就像体育、歌舞、文学一样，科学界要出现一批杰出的人才，必须有广泛的群众基础。这个群众基础有两层含义。

一是，群众普遍具有良好的逻辑思维能力、分析批判精神、探求真理的爱好。任何科学领域的天才的产生都是有基数的，不可能人人都是天才。假如按照概率，100 万个人中出一个天才，那么如果只有几十万人爱这一行，可能一个大师都没有，那么如果 800 万人爱这一行的话，就有可能出 8 个大师。人都不是生而知之者，所有的大师都必须从婴儿、儿童时期的熏陶培养起，父母、小学老师、周围经常接触的人对一个人的成长起着非常重要的作用。很多重要的科学发现往往具有很大的偶然性，那么喜欢科学的人越多，这种发现的概率就越大。

二是，群众的价值判断决定年轻人的智慧发挥方向，也决定他们的竞争意识的取向。例如，中国古代一直把作诗对仗作为判断一个人才智的标准，那么就有了“两句三年得、一吟双泪流”的执著，不论是吃饭、睡觉还是游玩，都在琢磨如何把诗写好。诗文作得好，“颜如玉”和“黄金屋”就随之而来。假如中国古代把诗文写作换成探求自然规律，那么有很大的可能，中华民族也会出现牛顿、笛卡儿这样的大师。

第二，哲学传统。

哲学传统对一个民族的思维具有深刻的影响，它不仅给一个民族的思维提供工具，而且也决定一个民族思维的领域和方向。公元前 600 年至公元前 300 年，是人类文明的重要时期，东西方各出现了一批伟大的思想家，他们很大程度上决定了东西方文明的不同发展方向。中国出现了百家争鸣，代表人物是老子、孔子、孟子、庄子、荀子、墨子等，他们的学说虽然不同，但基本属于伦理、道德、政治、军事方面的，既没有对自然现象的认真思索，也没有给后世留下探索自然界的工具。

然而西方的哲学传统则侧重于对自然现象的探索。由柏拉图在古希腊首都雅典所建的“柏拉图学院”，主要致力于对概念、理论、宇宙及认知等相关问题的研究。亚里士多德的著述既包括政治伦理方面的，如《伦理学》、《政治学》，也包括逻辑学和自然科学方面的，如《工具论》、《物理学》、《形而上学》，特别是《工具论》为科学探索提供了有效的思维工具。欧几里得的《几何原本》是欧洲数学的基础，提出五大公设，发展欧几里得几何，被广泛认为是历史上最成功的教科书。

在100年以前，中国的儿童学习的是《诗经》、《论语》、《孟子》，而西方的儿童学习的是《几何原本》、《工具论》。中国的才子忙于吟诗作赋，成果是一本一本的诗文集；西方的才子则是忙于实验推理，成果则是一个个的科学发现和发明。

第三，科学研究的历史。

科学具有连续性、传承性。前一代学者解决了什么问题，提出了哪些新问题，决定着下一代学者的研究起点和方向。体育水平往往可以经过一代人的努力而大大提高，然而科学则不行，原因就在于科学要具有历史的传承性、连续性。特别重要的是，科学是一个系统，尤其是物理和数学之间关系密切，相互启发，相互推动。不可能出现这种现象：一个国家的物理学特别发达，然而数学很落后；而另外一个国家的数学很发达，然而物理学落后。在数学领域，中国古代也有很多的闪光思想，如勾股定理、圆周率、剩余定律等，然而在现代数学领域几乎毫无建树，很大的原因就在于物理学落后。

第四，宗教信仰。

有些宗教是妨碍科学发展的，而有些宗教则是在一定程度上促进科学发展的。中国没有严格意义上的宗教，似乎不存在这个问题。但是，两千年来的中国受儒家思想的影响最深，它的作用与宗教一样，影响着人们的日常言行、价值判断、人生哲学。儒家思想对中国影响最深刻的是教育，它理想中的人才是君子，是一种政治人才，“正心诚意”，“修身、齐家、治国、平天下”，“为天地立心，为生民立命，为往圣继绝学，为万世开太平”。不可否认，儒家思想对中国产生了重要的影响，对提高整个民族的道德文化修养起了非常重要的作用，特别是中国历史上产生了很多仁人志士，把中华民族凝聚在一起。然而儒家的教育目标不是科学家、思想家。相比之下，基督教的设计原理吸收了亚里士多德的精神与物质的思想理论，具有理性的特征，特别是它提出了很多问题，如人和万事万物是怎么来的。虽然它主张上帝创造论，但是会启发其他人从不同的角度来思考这一问题。从某种意义上讲，达尔文的进化论也是基督教文化的产物。如果根本就不想“人是怎么来的”这个问题，是不大可能产生进化论的。

第五，教育体制与目标。

教育体制涉及如何教育学生，如何选拔学生，要把学生培养成什么样的人；在各级学校开设什么样的课，每门课的内容是什么；是重视知识面、答题技巧，还是重视学生的智力开发、能力培养；是把学生关在教室里天天埋头于书本，还是从小就叫他们观察自然、感受社会。那么最后培养出来的学生是大不一样的。教育管理者特别应该思考的一点是，很多本来应该是大学学习的内容，是不是应该把它们压进中小学里去学？中国的中小学生与国外比，在知识面上和答题技巧上，确实优于国外同年龄的学生，起码是不差，那么为什么中国学生缺乏后劲儿呢？美国的大学具有巨大的自主权，怎么办学，开设什么样的专业，每个专业有什么要求，每门课程讲什么内容，都是由学校和老师自己决定的。国家不干涉大学应该怎样办，大学不干涉老师应该怎样教，结果形成了三位一体的个性化教育：大学办学宗旨的个性化，老师上课方式的个性化，学生学习内容的个性化。美国教育是最出大师的体系，与这种个性化教育密不可分。

教育体制的另一个方面还涉及人才的选拔机制。我国应试教育的弊端，不少人也都意识到了。但是因为国情的限制，近期完全改革也不现实，那么如何用其他配套的方法，让每个人的智慧得到充分的发挥，让各种人才得到及时的发现，成为当前面临的最为迫切的问题之一。

第六，家长和老师的期许。

学生在读书的早期已经形成了他们的学习理想，他们已经有了明确的意识：为什么读书，读到什么程度才算成功。这种理想是孩子人生旅途的最终目标，或者说最高境界。家长和老师在塑造孩子的理想方面扮演着最主要的角色。长期以来，家长和老师对孩子的期许则重在面子和实用上，经常对孩子说的话就是：“你将来考上名牌大学，给父母争光，给学校带来荣誉”；“将来有个稳定体面的工作，父母就放心了”；“你看谁谁谁有车有房，你得向人家好好学习”。那么孩子们一旦考上了名牌大学，一旦有个体面的工作，就觉得人生已经成功了，以后该如何走，就茫然无措。

然而西方人对孩子的期许则与我们明显不同，更重视孩子的智慧是否得到充分的发挥，孩子的努力是否让社会变得更加美好，最美好的境界是找到真理而得以获得更大的自由。所以，部分有天赋和使命感的人超越了别人而成为大师。

第七，科研管理与评价系统。

现在中国的不少大学都把科研量化，首先把杂志分为若干等级，规定在哪类刊物上发表多少文章才有资格评职称，申请副教授要几篇，申请正教授要几篇，都有明确的数量规定。评上了职称，每年还有科研任务，完不成指标，要扣发岗位津贴。中国的大学的硕士生、博士生毕业，也都要求在特定的级别刊物上发表规定数量文章，否则拿不到毕业证。在这种体制下，人人都忙着发表文章，一旦达到了规定的数量指标，就可以理所当然地拿到学位、晋升职称、得到津贴。除了论文，还有专著的要求，现在的专著也是铺天盖地。经过最近几年的“学术大跃进”，中国已经在论文数量和书籍种类上超过了美国，更不用提英国、德国这些小国家了。按说我们各个领域的学术大师也应该比美国多了，就像奥运会那样，中国在各个科学领域的“金牌数”也应该高于美国，但大家只要稍微观察一下就可以得出自己的结论。

第八，研究者的知识结构。

一个人的知识结构决定一个人走什么样的路，能走多远；一个研究队伍的知识结构，决定他们出什么样的成果，以及成果的档次。一提到知识结构，大家首先想到的是文理的交叉，学理工科的懂点文科知识，学文科的懂点理工科知识，肯定是有好处的。但是，合理的知识结构，不是在文理科之间“撒胡椒面”，而是要融会贯通，要深入细致地理解相关学科。与此同时，还要特别强调理工科或者文科内部的知识交叉。斯坦福大学在2010里请来了三位菲尔兹奖获得者，他们是Edward Witten、陶哲轩、丘成桐，共作了6场讲座，我全部都听了。他们之所以在数学领域做出了杰出的贡献，都是因为在物理学领域有很深的造诣。特别是Edward Witten教授，他本身就是一个理论物理学家。合理的知识结构，远远不限于文理科交叉，要根据每个专业的性质，学好与它相关的学科，这对一个人的成功至关重要。

广义的知识结构还包括能力结构。能力包括知识面、逻辑推理能力、想象能力、执著精神、挑战权威的勇气，特别是动手能力。这些综合能力决定一个人能不能做出成绩，以及能做出什么样的成绩。

第九，工作环境和科研条件。

各个学科的国际级大师，不仅集中在少数几个国家，而且在这些少数国家内部的分布也是极不均衡的，主要集中在少数几所大学和研究机构。这说明一个道理，这些大学的工作环境和科研条件最有利于这些大师的工作。一提到工作环境和科研条件，人们首先想到的是优美的环境、漂亮的大楼、充足的资金、精良的设备，这样说也不错，但是它们都是硬件。对科研条件来说，更重要的是软件，这包括高水平的同事、协同合作的精神、行政管理的支持、没有外来的干扰、得天下英才而教之的机会、对前沿性问题的探究，如此等等。硬件是可以用钱买来的，现在咱们“不差钱”了，政府完全可以在北京大学、清华大学这些大学投资几个亿，短期内建设一流大学的硬件设施。据我所知，国内很多大学的设施已经是国际一流了，有些硬件设备甚至比斯坦福大学的都好。但是软件是无法用钱来买的，也不是一朝一夕就能成就的事。

第十，道德风尚。

学者的道德风尚也与大师的培养密切相关。不尊重他人的劳动成果，剽窃现象普遍，浮夸成风，官本位思想，缺乏诚信，以国家的资源为个人名利服务，家族式的教育科学文化，独立自由的思考能力较弱，不平等的竞争，等级观念泛滥，这些都是影响中国人才培养的负面因素。冰冻三尺，非一日之寒。

出大师的大生态环境的建设是一个复杂的系统工程，不可能一蹴而就。体育领域取得优异的成绩，5～10 年就可以明显见成效。经济领域改革开放 30 年，中国的 GDP 就达到了世界第二。中国出现个别的国际级大师，可能比经济发展要慢；然而在总体上成为一个科技文化强国，恐怕需要几代人的努力。

28

权力与学术的混合

温总理在2010年与北京大学学生的“五四”座谈会上，语重心长地说道：“我还是强调，大学应该由懂教育的人来办，这是最重要的，不是干一阵子，而是一辈子。大学应逐步破除行政化，按教育规律组织院校和治理学校，大学应以教学为中心，德、智、体、美全面发展。”温总理这段话的背后是令每一个关心教育的人揪心的一个问题。

一个人是因为学术水平高才当官，还是因为当了官才学术水平高？这个问题听起来很奇怪，可是在中国这却是一个现实问题，很多人在这上面常常犯逻辑错误。

有一部分人因为学术水平高，有了威信，大家拥戴他们做一个业务官，这叫做“专家管理”。还有更多的人，因为做了官，学术水准突然被提升，一跃而成为优胜者，这叫做“管专家”或者“官专家”。

凡是官本位风气盛行的地方，学术的价值就会被看低，也就不大可能在科学文化界有突破。官本位的文化可以追溯到孔子那里。孔子的教育思想中就有一点：重官位，轻技术。例如，一次樊迟提出想学习种庄稼，孔子说："我不如老农民。"樊迟又说："我想种蔬菜。"孔子说："我不如老菜农。"孔子自己不如就不如吧，那就让樊迟自己向老农民、老菜农学习吧。孔子却不，樊迟离开后，孔子痛骂樊迟一通。

樊迟无非是想学一些具体技术，而且也挺光明正大的，先征求孔子的意见，并没有偷偷摸摸去学。孔子怎么能把樊迟斥为小人呢？后面就道出了孔子的价值观念。这里的"上"不是"皇上"的"上"，因为皇上只有"我爸是皇上"的人才有资格当，世袭时代不看能力。孔子说的"上"是"人上人"之"上"，百姓头上的官老爷之"上"。你只要做了官，讲究"礼、义、信"，自然有人来给你种庄稼、种蔬菜。

"文化大革命"时期批判孔子，其中一条罪状是他主张"万般皆下品、惟有读书高"，其实这不是孔子说的话，而是后人的概括，然而却概括错了。孔子虽然强调读书，但是读书是手段，做官才是目的。孔子见他的独子孔鲤就问："读《诗经》了没有？"但是孔子并不是想把孔鲤培养成《诗经》学专家，他的话很明确，你即使把300首都背下来了，让你出使外国，不能引经据典应对，也是没用的。由此逻辑推出，你不做官就更没有用了，连到国外观光的机会都没有。在《论语》中，学生问得最多的问题是什么？"问政"，即怎样搞政治。然而没有一个学生"问学"。所以说，孔子的教育思想是："万般皆下品，惟有做官高。"

几千年来的中国知识分子，学习的主要目的就是期待金榜题名，得个一官半职，然而为求学术真理而读书的人，少而又少。如果一生不第，只能自己著书立说，吟诗弄文，就会被认为是一个失意的书生，或者说是人生的失败。

《三字经》是传统教育的著名儿童启蒙教材，它教人读书的最高境界就是做官："幼而学，壮而行，上致君，下泽民。"当然，这个内容本身是积极的，教人做一个好官，为广大老百姓造福。但是，问题是不能把做官作为教育的唯一目的，因为教育的主要任务还是传播知识，探求真理。

孟母教子的故事家喻户晓，《三字经》开篇和中间两次提到："昔孟母，择邻处，子不学，断机杼。"孟母是中国父母的一个代表，孩子不学习她那么生气，那么她究竟想让孩子成为一个什么样的人呢？这可以从她三次选邻居中看出来。

昔孟子少时，父早丧，母仉氏守节。居住之所近于墓，孟子学为丧葬，躄踊痛哭之事。母曰："此非所以居子也。"乃去，舍市，近于屠，孟子学为买卖屠杀之事。母又曰："亦非所以居子也。"继而迁于学宫之旁。每月朔望，官员入文庙，行礼跪拜，揖拱手礼让进退，孟子见了，一一习记。孟母曰："此真可以居子也。"遂居于此。（西汉·刘向《列女传·卷一·母仪》）

古今都是这样解读的，认为这是孟母教育孩子热爱学习。其实这是误读，文献清楚地记载，孟母是想让孩子学习做官，因此从小就让孟子模仿做官那一套礼仪。这一则典故也反映了中国古代重官轻学的传统。

在儒家文化中，做官始终在做学问之上。学术的价值，主要由官位的高低来决定。即使现在的读书人还有不少人持这种观念。最近看到明人张居正讲解的《论语》读本，封皮有大红字体"明朝万历年间的宰相张居正"字样，又用黑体注明"小万历皇帝朱翊钧（明神宗）一人读的"。为什么这样宣传？因为大众有这样一个逻辑，讲者为大宰相，听者为大明帝国的小皇帝，那么书的内容一定牛。

还有一本《论语》读本，封面用大黑体注出"日本历届首相必读"。虽然日文也用汉字，日本首相能读懂古汉语吗？他们具有鉴别不同读本好坏的能力吗？把日本首相抬出来，扯大旗作虎皮，也是官本位思想在作祟。

在官本位的文化中，大众也有一种集体无意识的逻辑，官大学问大，官大的人感兴趣的，那学术水准一定好。所以才有上述这些广告策略。其实换个角度思考一下，张居正身为一国之相，要日理万机，还要改革，他有时间去潜心研读《论语》吗？他的水平一定比平民学者水平高吗？那个万历小皇帝一定比老百姓家的孩子智商高吗？他有是非判断能力吗？这几个日本首相学过汉语吗？他们能独立阅读判断《论语》的好坏吗？他们一定比那些普通的学者判断力高吗？

官本位文化造成的后果，更可怕的是大众那种奴性意识。2010年上半年，新加坡资政的李光耀先生在新加坡国立大学的一次华文教学研讨会上发表自己的看法，大意是"学华文不能是背背写写"。很快，一个星期不到，新加坡中小学的华文课就取消了让学生背课文、写生字。李光耀是第二外语习得的专家吗？他个人是最成功的汉语学习者吗？他只是谈谈自己的学习感受而已，也没有指示华文教学的方式要变，是那些教育官员以自己对李资政的谈话的领会做出的决定。这样的社会怎么可能培养具有独立思考精神的学生，又怎么可能培养大科学家和大师？

官本位文化对学术界的负面影响是多方面的，最重要的是打乱了学术界的正常秩序。“学术权威”往往是一句恭维的话，单有学术水准，没有人赋予你权利，那是“威”不起来的。在同一群学者中，有一天其中某个人被提拔为系主任、院长、科研处长甚至校长，似乎一夜之间，他取得了辉煌的学术成就，成了学术高人，具备了评估他人学术的资格，获得了支配资源的权力，拥有了享受各种待遇的优先权。从此，他也拥有了利用各种资源来为自己服务的便利条件，建立自己的人脉，与其他学校的学术官员互利互惠。

荣誉称号的分布过于集中在拥有权力者身上，也是官本位现象特有的表现。不少位居学术高官者，长期以来已经无暇思考学术问题，论著也多是与手下人合作，也早就脱离了教学第一线，但是荣誉称号就像每年一度的降雪一样，不断地飘落在这些人的身上。什么科研标兵、突出贡献奖、跨世纪人才、优秀教师等，不一而足，随之而来的是各种津贴和工资待遇级别的提升。真是有福之人福上加福，没福之人雪上加霜！这也是学术界的“朱门酒肉臭，路有冻死骨”的现象。特地声明，我们不能以偏概全，并不排除有部分人是实至名归，但是占的比例有多大？结果不会令人很乐观。

名片也是中国的学术界特有的一道风景，当然也包括官场。说“特有”，主要是与西方学界相比。我参加过西方的不少学术会议，经历过不少学术场合，很难见（其实一次也没见过）一张名片上印那么多官衔。看看咱们国人的学术会议，最活跃的是名片交易。当然最热衷此道的是“有名可骗”，什么长、博导、主编，都是一列一大串。我一般不送人名片，因为我就当过一个“长”——“家长”，也不好意思往上列。名片在学术界的盛行，主要还是一种官本位的文化现象，当然也有互通信息保持联系的意思。一个人升了官，有了地位，都有一种想让别人知道自己的愿望，但总不能逢人就说我最近提了什么官，所以送名片是既高雅又效率高的方式。送名片比的是官位的高低，黄宏、侯耀文合作的小品《名片》讲的就是这个道理。

官本位文化中的名片，也带来了很多幽默。没官的求官，有官的求高官，怎么求也求不到的就别出心裁。一位大学副校长给人的名片是这样写的："某某大学副校长（暂无正校长）。"他为什么不干脆写个"正校长"，为什么费那么多周折？还有一位大学的老教授制作了一种特殊样式的名片，递给别人一看，正面写着"某某大学校长"，这位老教授会提醒你再看看反面，反面则写着"没当过"。这位老教授既是在自嘲又是在嘲讽官本位的风气。

学术官员为了个人的利益，不仅仅带来了不公平竞争，更严重的是导致学术研究的异化。很多人在这种体制下，逐渐丧失了独立自由思考的个体意识，被权威牵着走，思考问题，选择课题，写引文出处，首先考虑的是谁最有权有势。这样做，要么出于为形势所迫的自愿选择，要么出于集体无意识的被动跟风。学术求真的必要条件就是，每个参与者都必须是可独立自由思考的个体，学术求真的天敌则是思想上的专治与奴性心理。

官本位文化带来的另外一个现象就是机构的臃肿。做官的好处多，想做官的人也就多，现在令很多大学校长或者研究所领导头疼的是如何设立更多的官位，因为手里有一大把不得不安排的人。据说一个大学的外事处共 5 个人，4 个人都是官，只有一个新分配来的大学生是办事员。过去 20 多年来，中国大学的最大变化就是机构的变化。以前只有一个系，现在都叫院了，院下分若干个系，系下又分若干个教研室，每一级都有一个正的干部，还有若干个副的干部。

简单作个比较。斯坦福大学的人文与科学学院共有 27 个系，学院只设一个正院长、两个副院长，每个系只设一个系主任，不设副系主任岗位，系以下不再有教研室主任之类的岗位。这 27 个系包括数学、统计学、物理学、化学、英语、语言学、历史学、哲学、心理学、生物学等系科。如果按照目前中国大学的设置，保守估计，起码要分出 10 个学院，官员的位置起码要多出 20 倍以上。中国每年都送很多人出国考察，特别是教育界的领导，对中外大学这种差别不可能不知道，孰优孰劣，大家心里都应该有杆秤。

官本位文化也会导致学术会议走调。中国每年大大小小的学术会议不计其数，每一个会议必然有一个环节——照相。主办学术会议者，最头疼的不是经费，而是照相时排座次，谁坐在第一排的最中间，怎么样依次排开；在开幕式和闭幕式上，谁坐在主席台上，吃饭的时候怎么样安排位置，真是比写论文还要花心思。梁山好汉一百单八将，要排座次，那还比较好办，主要看功劳。然而今天没有会议组织者去看与会者发表论著的数量，然后给他们排一个座次。学术界排座次怎么办？主要看官位。不少人判断一个人学术地位的高低，就是根据他在学术会议中的座次，由此还产生了不少人际矛盾。

黄宏和句号合作的一个小品《打气》有这样两句台词："咱工人要为国家想，我不下岗谁下岗!"如果教育学术机构的大部分各级各类的领导能够这样想，"咱领导要为教育想，我不下台谁下台"，那将是教育界的一件幸事，教育、科学事业方可放下包袱，轻装前进。但是谁都知道这很难，所以教育、科学事业的发展也不会容易。

李约瑟在其《中国科学技术史》中尝试解释，为何中国与现代科学理论无缘。他认为：秦朝实现首次统一后，出现了封建官僚制度的政府实行中央指导性政策。所谓"封建"是指中央集权，所谓"官僚"是指皇帝直接管理官员，地方行政只对朝廷负责。官僚思想深刻地渗透到整个国人的复杂思想中，甚至在民间传说中，也充满了这种思想。科举制度也鼓吹这种封建官僚制度。这种制度压制甚至扼杀了大众的科学创造力。

原中国科学技术大学校长朱清时教授讲了这样一个例子。英国牛津大学前几年发生了一件事。在英国苏格兰北部地区有一个边远的郡，这个郡类似于中国西北地区的省份一样，经济不发达。那里有个女学生考试全优，相当于高考状元，是该郡多年来第一个有资格上牛津大学的学生。但是牛津大学规定，还要通过三个教授组成的委员会面试，由他们来决定。这三个教授的工作独立，他们与女学生谈话，发现她缺乏创新能力，就是会读点儿死书，最后决定不予录取。这个郡的地方官员都激动起来了，议员找教育大臣，教育大臣不管用，找到副首相，又找到布莱尔首相，然后与牛津大学沟通。牛津大学回复说，他们招生不仅看成绩，还由三个教授面试来决定，他们的结论任何人无权推翻。布莱尔首相很丢面子，他事后和人聊天就说牛津大学太古板了，应该与时俱进，必须进行改革。牛津大学师生知道以后，很愤慨，学校立刻宣布取消布莱尔首相荣誉博士的称号。英国政府不光彩地想用行政手段干预学校事务这件事以失败而收场。

这件事件告诉我们很多道理。其中一点是，在英国，行政无权干涉教育者的办学自由，大学教授可以根据自己的教学理念选拔人才。大家不妨设想一下，这事如果发生在中国会是怎样一个结局，就知道我们与人家的差距有多大。

我在斯坦福大学这一年，参加过各系科大大小小的各种学术会议及学术讲座，演讲者有诺贝尔奖获得者、菲尔兹奖获得者，没有见过哪个会议请非本专业的领导来致贺词、发表讲话，顶多是本学科的系主任来讲几句，很多时候就是组织者自己来介绍，他们大多就是普通的教授。我作了一个简单统计，美国大学的学术领导数量不及中国的1/5。这种状况也不允许美国的大学领导这里讲话那里讲话，因为学校每天都有上百场的学术活动，这需要多少领导才够用呀！我只遇到一次例外，那就是2011年5月斯坦福大学东亚语言文化系举办“孔子的‘天下’论坛”，请来了不少在美国的汉学专家，其中一个环节就是院长讲话。组织者是东亚语言学系的华裔学者，他们全是在中国接受大学教育之后去美国留学留下来的，他们的思维中还存在根深蒂固的官本位思想。

学术与权力的混合，或者学术的行政化，会带来学术研究的异化——学术界的谄媚现象。官场中的拍马屁、巴结谄媚上司、无原则的吹捧，都在学术界有充分的表现。一个人作论文，从选题到论证再到引用参考文献，首先考虑的不是求真，而是讨好某些官位高的、掌握实权的学术界人物。这种风气在中国是非常盛行的。这与西方学术界形成了鲜明的对比。这也是中国学术界与西方学术界在求真精神上存在差距的另外一个表现。

官本位的意识和官本位的现实，都是中国学术发展的不利因素。

29

重帮派而轻学派的风气

不论自然科学还是社会科学，一些重大发展往往是与学派联系在一起的。一群人具有共同的学术信念，朝一个方向共同努力，形成军团优势，在一个不太长的历史时期内取得学科的重大突破，影响该学科的发展方向。

有没有学派，或者学派的多少，是一个国家学术水准高低以及风气是否健康的风向标。

中国学术史证明，有学派的时期，也是思想最活跃的时期。最突出的范例就是先秦诸子百家争鸣，它的思想成果成为中华文化的瑰宝，不仅影响了整个中国历史，对今天的世界也有积极影响。但是，中国历史上的学派都是人文社会科学方面的，往往受当时社会环境的限制，以及所谈论问题的视野约束，所以对整个人类思想的发展影响有限。中国在自然科学方面，迄今为止还没有形成具有世界影响力的学派。这与中国缺乏大师的现象不无关系，学派是以大师为领袖的，而学派的发展往往依赖于大师的领袖魅力。

斯坦福大学的心理学系一直是学界的“老大”，有很多大师。人们现在所谈的“智商”这一概念，就是斯坦福大学心理学系的一位教授在20世纪20年代提出的。2010年的秋季，他们主办了一次小型学术会议，邀请了麻省理工学院、加利福尼亚大学伯克利分校等学校的专家，讨论心理学领域两大学派的关系，即“连通主义”和“概率主义”的关系。“连通主义”认为大脑就像一个网络一样来处理知识记忆和进行逻辑推理；“概率主义”则认为大脑主要根据事件发生的概率来进行推理。这是两个在国际上具有广泛影响的学派，影响的范围已经超出了心理学界，在哲学和语言学领域也得到了广泛的应用。

西方的学界，每个领域都有很多学派。学派之间互相竞争，互相借鉴，这是他们学术发展的重要动力之一。没有学派的学科，一定是沉闷的、保守的、缺乏生气的，也不可能真正发达。

因为中国学术界基本上没有自己的学派，所以就不具备学派之间的良性竞争。我们的学术会议往往开成了一个大堂会，问题杂而分散，谁也不在乎谁，谁也不关心谁。有句口号就是“开会开会就是开心”，会议的核心内容就成了旅游、吃喝、会朋友、拉关系。美国这里的学术会议非常简单，就是来交流学术的，其他事情一概从简。

下面引述黄国范发表在2009年3月30日《浙江日报》上的一篇文章（节选），题目是“学派大论战带来科学大繁荣”。

在近现代科学史上，许多理论学说的形成与发展，许多重大科学成就的取得，都是与学派论战密切相关的。学派论战几乎遍及了所有学科领域，有的贯穿了整个科学研究过程的始终。

比如，在近代地质学史上，在哈屯的“火成论”与魏尔纳的“水成论”之间、居维叶的“灾变论”与莱伊尔的“渐进论”之间都进行过长期的大论战，成为地质学史上的重大事件。19世纪以后，这一领域的新理论层出不穷，诸如地球收缩理论、放射性热能聚集理论、地球内部对流理论、大陆漂移理论、地槽地台学说、海底扩张说、板块学说等等，不胜枚举。这些理论、学说的创立者相互批评，各抒己见，从而促进了现代地质学的蓬勃发展，造就了地质学发展史上的“英雄时代”。

整个19世纪，是科学学派最为兴旺的时期，无论是学派的数量，还是学派所涉及的学科等，是以往任何历史时期都无法比拟的。比如，有机化学领域的李比希学派、杜马学派、武兹学派、凯库勒学派、弗雷泽纽斯学派，生理学领域的路德维斯学派、米勒学派、迈克尔赛勒学派。被恩格斯誉为19世纪自然科学三大发现的细胞学说、进化论、能量守恒与转化定律这些重大理论的诞生，与这些学派的兴旺不无关系。

在科学发展史上，其他学科领域学派的论战也同样如此，物理学中关于光的本质的“波动说”与“粒子说”，遗传学中摩尔根学派与米丘林学派等等，都是名载史册的学派论战。特别是关于光的本质的争论，光的“波动说”与“粒子说”不断互占“上风”，持续了200年之久。

在现代科学中，学派和学说的争论有增无减，例如，基本粒子模型学说的坂田模型、夸克模型、层子模型等，也在各争千秋。这些不同学派、不同学说之间的论战，不但推动了科学技术突飞猛进的发展，而且培育了一大批学说、学派的代表人物和新学科的带头人。

◢

然而学派到了中国往往“变种”成帮派。“帮派”与“学派”虽然只有一字之差，但是它是科学发展的天敌。帮派的特点是：不讲究学术追求，不讲究求真精神，只讲个人利益，只讲哥们儿意气，只会党同伐异。人们以某种利益结合在一起，保护自己的利益，打击别人，而他们之间可能没有任何共同的学术信念。相反，这些人纠集在一起，排斥封杀那些可能对他们有威胁的优秀学者，常常出现“事修而谤兴，德高而毁来”（韩愈《原毁》）。

帮派对学术发展的危害是多方面的，主要有以下一些：

第一，个别人以不正当的手段攫取名利，而不是靠学术研究。

第二，互相哄抬，互相包庇。

第三，控制资源，为自己谋利益。

第四，打击、封杀异己，树立自己的威权。

第五，学术缺乏公平竞争，不利于年轻一代的成长。

第六，腐化学术空气，妨碍学科进步。

我们的先哲在两千多年前就为我们描绘了一个“大道之行”的大同社会，据此我们可以想象最有利于学术发展的“大同社会”应该是一幅什么样的图景。学术上具有突出贡献的人自然而然得到大家的拥戴，而学人不必靠其他手段想方设法为自己谋取虚名和利益。学者之间和而不同，气氛和谐，关系融洽，但不必强求观点上的相同。具有共同学术追求的人走到一起，形成各种各样的学派，百花齐放，百家争鸣。人人把教学和学术研究看做一种使命、一种责任，乐在其中，而不是为名利所累，不把它作为追逐名利的敲门砖。学者相见不必谈金钱名利，不必称官道衔，唯有相互切磋，研究心得是务，可以争得面红耳赤，但不为此伤了和气。学者的成就不再以论著的数量来衡量，不再以发表的杂志档次来论赏，而贵在创新。学术与官衔不再联系在一起，学术官员应以整合学界之力量来攻难关为己任，以协助研究者专心于自己的工作为职责，而不是把官衔作为享受学术特权的通行证，作为自己学术成就的标签，作为左右他人思想和命运的令箭。弟子不必唯尊其师，当摒弃门户之见，凡天下同道者皆为朋友。后学者敢独抒己见，能够在一个自由而公平的环境中成长。为师不必仅爱其弟子，应该呵护、鼓励所有后学者，喜见他人弟子有所作为。学霸匿迹，抄袭不兴，造谣诽谤遭人唾弃，结党营私没有市场，头衔名利不成诱饵，人人专心于自己的本职工作，一人有成就，大家共欢庆，任何人都不再担心因为自己的学术成就而遭到非议，“木秀于林、风必摧之”这则古训不再是真理。

我们期待着学术界的大同社会，真正形成一个学术共同体，齐心协力探求社会和自然界的真理。

在健康的经济环境形成之前，要清除黑道的背后操纵；同样，良性的学术氛围建立的先决条件，是必须杜绝帮派之间的党同伐异。

中国的学术界呼唤着学派的出现。

30

教育与科研领域的世袭现象

从古至今，中国的教育科学领域中普遍存在着“隐性世袭”现象，这是妨碍学术向前发展的因素之一。这里所说的“隐性”，是指它不是法律条文规定的，而是一种学术权威者的价值取向，大众习以为常的文化现象。

几千年的中国封建社会一直存在着世袭制度，春秋战国时期，大小官员都世袭；到了封建社会的后期，国家的最高权力一直是世袭的。世袭是对个人才华的扼杀，是“选贤与能”的对立面，是一种不公正的竞争，不利于科学文化发展。

政治上的世袭是把政治权力传给自己的儿子或者有血缘关系的亲属。政治的世袭是比较容易的，因为地位、财富和权力是可以转让的。即便如此，也会出现一代不如一代的现象。按理说，学术文化领域的世袭是不可能的，因为智慧和创造力是无法由一个人传递给另一个人的。但是，在中国，学术文化领域普遍存在着“隐性世袭”现象，一个学人靠自己的才智，经过一生的拼搏，打下了一片江山，开辟了一个学派。但是谁也违背不了自然规律，人总是要老的，这些学术创业者们这时候想到的一个问题就是，他的事业由谁来接管？

“学术世袭”现象指的是，一个学派、学术团体的继任领袖是由掌门的老先生生前安排的，不是通过公平竞争产生的。学术文化界的“世袭”现象，从古至今都普遍存在着。这种接班人的选择非常有共性，这些学术文化老先生在选择谁做接班人时，一般考虑以下三方面因素。

第一，听话。这个被选定的接班人会按照老先生的意志继续他们的事业，忠于前辈打下的江山。在老先生不能理事的弥留之际，不仅可以在生活上照顾老先生，而且能够维护老先生的声誉。那么这个接班人，一定是老先生知根知底的，通常是自己的弟子。“打仗还得子弟兵”，不仅在军阀割据时信奉这一套，学术宗派也信这个。

第二，低能。要按照老先生的意志去做，这个接班人就不能太聪明，能力不能太强，不会在老先生无法理事之时，自作主张，瞎折腾。一个人真有能力，如果要想顺利接班，必须学会韬光养晦，不能锋芒毕露。

第三，乖巧。这个被选定的接班人得处处让老人感觉到舒心。老先生们最容易选定那些最能让他方方面面感到舒服的后学，办事伶俐，说话乖巧，最知道老先生什么时候需要什么，什么时候爱听什么话。

那么，这种接班人的选定，在交接班时和交接班之后，经常会出现下面两种情况。

第一，在老先生将要不理事之前，扫清接班过程中的障碍。老先生要确保自己选定的接班人顺利接班，他要审时度势，发现各种隐患，及时清理门户。最大的隐患就是能力和威信比自己选定的接班人高的人，那么这些人要么被清理出去，要么用道德等力量把他们压在五行山下永世不得翻身。

第二，接班者往往故步自封。为了老先生的遗愿，也是自己能力所限，他们自己不能另辟蹊径；为了自己的名利，他必须坚守老先生的门户。因为这些接班人清楚地知道，只要守住老先生的江山，就是学界“老大”；靠自己的能力去折腾，也弄不出什么名堂来。

这也是人性的弱点。只要世袭现象存在，选定的接班人一定是听话的、能力较弱的办事乖巧者，这样人为地制造一代不如一代的现象，致使任何学术流派必然走向式微。在今天，一个相关的现象就是，大学的近亲繁殖，往往导致水准不进则退。

现在我们来谈中国教育史上最大的一桩公案：孔子所开辟的教育事业是中国教育史上的一个奇迹，那么他生前选没选接班人？这个接班人是谁？为什么孔子所开辟的教育事业能够在他去世后幸免式微的厄运？

孔子生前是选定有接班人的，他就是颜回，但是不幸这个人先孔子而去。这可以从孔子在颜回追悼会上的表现看出来。颜回 29 岁头发皆白，40 岁去世，此时孔子 71 岁。《论语·先进》中记述孔子哭颜回的场面非常感人。

颜渊死。子曰："噫！天丧予！天丧予！"

颜渊死，子哭之恸。从者曰："子恸矣。"曰："有恸乎？非夫人之为恸而谁为！"

颜回死时，孔子连声哭道："啊，上天葬送了我！上天葬送了我！"这里的"予"是个借代，可以理解为"我的教育"、"我的事业"、"我的希望"。很明显，孔子是把自己的事业寄托在颜回身上的。其他弟子去世，孔子只是追忆这位弟子的好德行，而不会与自己的事业联系在一起。

孔子哭颜回那是悲天怆地。别人劝孔子："老先生，您别过度悲痛伤了身体。"孔子怎么说？"我不为这样的人悲痛还为谁悲痛？"孔子那么多弟子，他可不是对谁都这样，最鲜明的对比是对于子路的死。孔子听到卫国内乱，就预言"子路肯定会死"，因为他知道这个弟子刚直不避危险的性格，结果子路果然死了。孔子说了那句盖棺定论的话："自从我有了阿由，再也听不到坏话了。"因为子路多次劝阻老师去做糊涂事，特别是两次力阻老师到乱臣贼子那里做幕僚，使得他老人家免于晚节不保，所以孔子很感激子路。史料上并没有记载他哭子路的事情。

孔子之所以哭颜回哭得这么伤心，我认为有两层原因：一是颜回是他最喜欢的学生，二是颜回是他选定的继承人。第二个可能是更重要的原因。

孔子是位哲人，不可能不为自己事业的未来做出安排。当然，根据现有的史料，孔子没有留下任何遗嘱，也没有指定任何人为未来孔子学院的院长。很有可能，孔子还没有来得及这样做，颜回就先他而去了。这一意外，完全打乱了孔子原来的计划。

除了孔子悼念颜回所透露出来的重要信息外，还有两点证据说明，孔子对颜回给予特殊的对待。

第一，孔子始终把颜回留在身边，把他“保护”起来。根据可靠的史料记载，除了颜回，孔子其他所有主要的弟子都离开了孔子学院到外边从政、经商，都有业绩记录。例如，子路到卫国作大夫，子贡在卫国和鲁国任国相并经商，冉有做了季氏的总管，宰予到田常那里当幕僚，唯独颜回无任何业绩可讲。根据《史记·仲尼弟子列传》的记录，颜回一辈子的业绩就是向老师“问仁”。很可能他本来是打算在自己老师去世之后再开始自己的事业的，可惜没有等到这一天。

第二，孔子把自己的一些理论学说只传给了颜回，而对其他学生保留不谈。子贡说：“夫子之文章，可得而闻也；夫子之言性与天道，不可得而闻也。”（《论语·公冶长》）子贡这段话透露出一个重要信息，孔子关于“性与天道”发表了很多言论，但是子贡他们没有资格参加去听。从上古汉语语法来讲，“夫子之言性与天道”，是说孔子谈论过“性与天道”。孔子也不可能在“性与天道”上没有自己深刻的见解，根据《史记·孔子世家》记载，孔子晚年最喜欢《周易》，以至于把串竹简的牛皮绳子都磨断了三次，而且还亲自为《周易》的章节作序，而《周易》就是一本关于“性与天道”方面的书。关于“性与天道”这些抽象的、高深的理论，谁最有资格去听呢？当然是孔子认为最好的学生颜回。所以说颜回的早逝对孔子的学说是一个重大的打击。今天看来，这也是非常遗憾的一件事，因为孔子安排的接班人出了意外，使得后人无法知道孔子在这方面的思想。

学说“世袭”的一个典型现象是，老先生不会一视同仁地对待所有的弟子，而总是要留一招给他选定的接班人，为的是在他百年之后，这位继任者有特殊的能力和足够的威信掌控局面，领导群众。

孔子一辈子就树立了一个学习标兵，就是颜回。孔子就像唱咏叹调那样，天天把“贤哉回也、贤哉回也”挂在嘴上。鲁国的第二把手季康子问孔子：“您的弟子中谁最爱学习？”孔子说：“只有一个颜回，但是不幸短命死了，现在没有人了。”鲁哀公问孔子同样的问题，孔子回答就更过了，他说听都没有听过有比颜回更好学的人。

孔子和颜回之间的关系已经超越了师生之谊，具有强烈的父子情节。在安葬颜回时，孔子把话说得很明白。颜回死时，弟子们要厚葬他。孔子说：

“不可以。”弟子们仍然厚葬了颜回。孔子说：“阿回呀，你看待我如同父亲，我却不能看待你如同儿子啊，我是想照当初安葬孔鲤的规格来安葬你啊。现在这样不是我的主意啊，而是你师兄弟们干的（《论语·先进》）。”这里也透露出一个信息，颜回对孔子就像孔鲤对孔子那样，是把老师作为父亲看待的。可是，孔子对颜回可比对自己儿子孔鲤好多了，因为从来没有见过孔子夸孔鲤。

那么，颜回为什么能够成为孔子最喜欢的学生？据我的观察，不在学习上，而是功夫在诗外，主要有以下几个方面的原因：

第一，颜回的学习态度很端正、很认真。

第二，颜回是个乖乖孩，从来不违拗老师的话，老师说什么就信什么。

第三，颜回对老师的言论“无所不说（悦）”（《论语·先进》），老师说什么都欣然接受。

第四，颜回也从来不向老师提有任何难度系数的问题。

第五，颜回最有礼貌。

第六，颜回最知道老师什么时候爱听什么话。

颜回拥有上述这些优点，自然就成了孔子学院接班人的不二人选。

那么，我们应该问一个实质性的问题，颜回是不是学习成绩最好、理解孔子的理论最透彻的学生？从现存的史料来看，答案是“不清楚”。更大的可能是，颜回走进去了，但是出不来。用现在的话说，颜回被老师的理论忽悠晕了，不知东南西北，自然也就找不着北了。孔子并未没有意忽悠别人，颜回是自己忽悠自己。《论语·子罕》对颜回陷入忽悠境界的症状有一段精彩的描写：

> 颜渊喟然叹曰：“仰之弥高，钻之弥坚，瞻之在前，忽焉在后！夫子循循然善诱人，博我以文，约我以礼。欲罢不能。既竭吾才，如有所立卓尔。虽欲从之，末由也已！”

这是深度被忽悠的症状。颜回是最好学的，也是最刻苦的，但是他悟出了什么吗？除了自己陷入精神恍惚，似乎什么也没有。学到最后，颜回只好感叹道：“老师的道，抬头仰望，越觉得它高大雄伟；努力钻研，越觉得它难以吃透；看着好像在前面，忽然又像在后面。老师循循善诱，用文化典籍来丰富我的知识，用礼节来约束我的行动。和老师学习想停下来都不可能。我已经竭尽我的才力了，好像有一个非常高大的东西立在前面，虽然很想攀登上去，却没有途径。”颜回已经手足无措了，不知道该为他老师的理论做些什么。

这是学术世袭的一个共同现象。被老先生选定为接班人者，不仅不是能力最强的，而且相反往往是比较弱的。孔子学院中，哪个弟子能力最出色？子贡。子贡是个全面发展的、最有才华的孔门弟子，可以说没有子贡，很可能就没有孔子当时那么多的思想和今天的地位。子贡的特点可以概括如下。

第一，问问题最多、最全面，而且水平最高。孔子的理论是被问出来的，他的观点发展成熟，子贡立下第一功。

第二，子贡是最了解孔子这个人的，最能全面把握孔子的整个理论体系。

第三，子贡两次在孔子兵团陷入最大危机时，挺身而出，挽救了这个思想兵团。一次是陈蔡被围时，子贡突破重围，到楚国搬来救兵。另一次是田常攻打鲁国，子贡游说齐、吴、越、晋四国，挽救了孔子的父母之国——鲁国。

第四，子贡对孔子最为忠诚。孔子弥留人间的最后的日子，子贡从外地赶来，安排孔子的后事，为孔子守孝六年，凝聚众心，使孔子学院避免树倒猢狲散的厄运。

第五，子贡利用经商所积累起来的财富和手中的政治资源，与他的师兄弟宰予、有若一起，发起了造圣运动，把孔子推向了圣坛。司马迁是这样评价子贡的贡献的：“夫使孔子名布扬于天下者，子贡先后之也。”（《史记·货殖列传》）也就是说，让天下人都知道孔子，是子贡策划的结果。

然而，这也是一个规律。最有能力、最聪慧的学生，不仅得不到老先生的赏识，反而会被老先生不喜欢。孔子是很不看好子贡的。根据《论语·公冶长》记载，一次子贡问孔子：您觉得我怎么样？孔子说：你就是一个器皿。孔子明确说过：“君子不器。”（《论语·为政》）在孔子看来，君子不能是只有特定用途的器皿。在老师眼里，子贡是不能成为君子的，换句话说，在孔子眼里子贡不是块好材料。子贡本来是很有抱负的，他一定很受打击。

颜回的早逝，对颜氏家族来说、对孔子本人来说，是不幸的，然而对于孔子所创立的儒家学说来说，则是大幸，因为这使得孔子之后的掌门人由最有智慧、最能干的人——子贡接任，他利用自己的行政资源和经济基础，使得孔子的理论“布扬于天下”。

今人也应该感谢子贡。假如颜回顺利继位，孔子学院很可能在他的手上分崩离析，孔子学说很可能在他的手上迅速式微。在那个传播和记录手段原始的时代，一个人的学说很可能被淹没在历史的长河之中，如当时盛极一时的“杨朱学说”，根据《庄子》的记载，天下一半人都是信奉它的，结果只留下一个成语“一毛不拔”。“杨朱学说”的失传，恐怕与他们缺乏得力的学生不无关系。

从孔子学说的传承来看，现代的学人应该悟出一些道理。

在当今的大学和研究所里，“学术世袭”现象还相当普遍。老先生在退休之前，总是要安排好自己最信任的接班人，最常见的是自己的学生，实在没有合适的学生，最起码是拥戴自己、会在自己退位以后维护自己利益的人。这样选定的接班人一旦“登基”，一般都会选择保守的道路，因为他清楚，只要守住老先生的基业，他就是该领域的“老大”，起码也是个“山寨王”，相反，靠自己去打拼，还不一定折腾出什么名堂来。

“学术世袭”对科学研究的发展是一种隐性阻力。没有任何条文规定它是违法的，也没有任何条文限制它的存在。但是它的消除需要依靠学者自身科学精神操守的提高，排除私心杂念，一切为了科学求真。

相比之下，西方在2300多年前就很好地解决了学术传承问题。柏拉图设计的共和国的蓝图为：不论是录取学生还是聘用官员，一切按照个人的能力（meritocracy），任何人不得以自己的权势为子女谋私利。结果，柏拉图所创办的经济学院作为一个实体，一直持续了1000多年。相比之下，孔子所办的学院，经过子贡这一代人传承之后，作为一个独立的实体，很快式微。这与孔子在生前没有处理好学说的传承问题不无关系。这是值得我们深思的一个文化现象。

世袭机制导致学术上的不公平，那些真正有才干的人，往往被压制、被排挤。其结果不论对学派本身的传承，还是对整个学科的发展来说，都是一个悲剧。

31

教育与科研领域的家庭化

东西方教育和学术运行的一个很大差别是，我们把教育领域和学术界家庭化了，用宗族观念来运作教育和学术，而西方则没有这种现象。仅从称谓就可以看出来，师母、师兄、师弟、师姐、师妹、师爷、师叔、师侄，五花八门，只要中国家庭里有的称呼在学术界都可以找到，这背后就是一个儒家传统问题。这种观念，或者说这种组织，有它的好处，可以像一个家庭那样温暖；也可以像家庭内部成员那样，互相呵护、互相帮助；而且学术也可以像家庭血脉那样延续、传承。但是我们必须看到它消极的一面，等级分明，不利于个性发展和自由创造，导致学术上的帮派之争。这些都是妨碍我们学术发展的因素。

儒家文化的家庭组织，就是一种等级组织，人与人之间的关系就是服从关系。晚辈要服从长辈，妻子要服从丈夫，弟弟要服从哥哥，妹妹要服从姐姐。每个家庭都有一个核心，叫做一家之主，家庭的大小事，最后取决于这个一家之主的决策。这种家庭组织形式是由生产力比较落后的条件决定的，大家同心协力才能够生存，而且只有依靠大家的力量才能做一些大事，如建房、开垦土地。但是科学探索与农业生产有着本质的差别，既需要单门独干，也需要协同合作，但是每个人都应是一个独立自由的思考个体，在追求真理的过程中，大家的地位是完全平等的。

在科学研究的过程中，任何等级观念、任何服从意识，都是有害的。

在家庭内部讲究的是一套道德准则："父子恩，夫妇从，兄则友，弟则恭。"（《三字经》）意思是，父亲与儿子之间要注重相互的恩情，夫妻之间的感情要和顺，哥哥对弟弟要友爱，弟弟对哥哥则要恭敬。学术上一旦讲究"恩情"、"和顺"、"友爱"、"恭敬"，就会影响求真的精神。假如学生发现老师以前的重要研究有问题，想到"恩情"就不说了，结果谬误得不到纠正，贻误后学。师弟的观点与师兄的不一样，一讲究"和顺"，就放弃了，结果成了没有独立思想的跟屁虫，没有学术骨气的思想奴才。如此这般，得到了和气，放弃了真理。

家庭化意识强，就会冲淡求真意识。年轻人要想被赏识，就必须得装孙子，想方设法让一家之主满意，让层级比自己高的人高兴。那么年轻人就得揣摩这些人的心理，投其所好，甚至曲意逢迎。结果学术探索成了人情往来，你好，我好，他也好，就是学术研究不好。

家庭化的运作方式，还表现在教育机构或科研机构的运作方式上。大小单位的权威人士，大都想培植自己的嫡系，保留自己的人马，结果全是一种思维模式，方法单一，非常不利于发现和创新。

在这种家庭式的氛围之中，一个人如果不归属一个家庭，那么就会缺乏安全感，生存就会受到威胁。所以人们都愿意寻找一个温暖的家，很少有人愿意浪迹天涯。然而学习和求真的过程，往往是个人主义的冒险，需要开阔的胸襟、大无畏的精神、闯天下的气魄。

中国学人很讲师承。就像同一个地方的人经常攀亲戚一样，什么七大姑八大姨，一个地方的人拐弯抹角，总能沾亲带故。学界也很盛行此风，大家初次见面，都要问一问师承关系，如果发现都是某某大师的弟子甚至再传弟子，相互之间就亲近了一些，有一种一团和气的气氛。

家庭化的运作方式，使人难以培养起科学研究所需要的宽广胸襟。在一个家庭内部，大家都共同往家里捞利益，都有好处，这包括各种荣誉和科研经费。对外则采取保护主义。在学术思想上也是如此，不论保护自己还是攻击对方，都是被门派的利益所驱使，而不是为了科学求真。

家庭化的运作方式，也使得同一单位的人与人之间的关系，已经不仅仅限于学习和科研，而是变得异常丰富多彩。例如，师母有病住院，师兄弟姐妹要轮流去看护。老师年纪大了，学生帮老师买菜、做饭、洗衣服，安排各种生活杂事。甚至老师有了大的花费，弟子们还要凑份子，帮老师一把。在这一点上，美国的教育学术界就显得太“不近人情”了，除了学习和学术，什么感情也没有，生活上的事情，你是你，我是我，分得清清楚楚。这也许与他们的家庭观念淡漠有关。

但是，家庭化的观念也会导致很多矛盾，特别是在一个师门内部。老先生有责任有义务为弟子们的前程着想，帮他们找工作，发表论著，拉课题。而且，老师还得一碗水端平，否则会维护了这个弟子，得罪了那个弟子。弟子们也像在家里期待父母那样，期待自己的老师在自己刚学术起步的时候扶自己一把，如果没有达到自己的期望，或者期望落空，就会抱怨，心生怨恨，导致师生不和。不少老先生也期待自己的弟子逢年过节问候一下，送点儿小礼物，弟子出差回来或者路过，看望一下自己，否则弟子就会被认为不懂事，严重的还可能把关系闹僵。总之，所有一个家庭内部可能产生的矛盾，都可能在一个师门内部产生。

我有一个切身的感受，美国这边的师徒关系就简单多了，也可以说淡漠多了。举一个我个人的例子。我的博士生导师在国际上很有影响，是剑桥大学出版社的学术顾问。我在整理自己的博士论文时，想请导师帮忙推荐我的论文到国际上好的出版社出版，然而她只给我提供了国际上四家著名出版社的联系地址和负责人，让我自己去做。后来我的博士论文还是在这四家出版社之一的约翰·本杰明出版公司出版了。当时我心里还有点儿不高兴，觉得老师太不讲情义了，怎么也不帮我拉拉关系。后来我也意识到，一个人只有这样独立去闯，才能在学术上迅速成长起来。老师实际上是为我好。

教育运作方式家庭化、宗族化，是中国几千年教育的一个特色，这个也可以追踪到孔子办教育那里。不平等的师生关系，带来一个副产品，就是教育科学界的拍马屁文化，导致学术界的人性异化。《论语·卫灵公》有这么一段记载。

子张问行。子曰："言忠信，行笃敬，虽蛮貊之邦行矣；言不忠信，行不笃敬，虽州里行乎哉？立，则见其参于前也；在舆，则见其倚于衡也。夫然后行！"子张书诸绅。

子张问如何才能处处行得通。孔子说："说话忠诚守信，行为敦厚恭敬，即使到遥远的边荒地区，也行得通。说话不忠诚守信，行为不效厚恭敬，即使在本乡州里，能行得通吗？站着，仿佛看见'忠厚笃信'这几个字立在眼前；坐车，仿佛看见这几个字斜刻在车辕的横木上，这样就能处处行得通了。"子张把这几个字写在自己的衣带上。

孔子的话讲得真好，但是最雷人的是子张的举措，"子张书诸绅"。绅是古代士大夫系的大腰带，是一个很重要的装饰品，就相当于穿西装时打的领带，与现在的皮带不同。我可以设想一下，一个学生问我问题，听了我的解释，马上解下领带，用黑色的钢笔把我的话记在领带上，那真是雷死人了。

子张为什么会这样做？一方面，可能是作秀，向老师表忠心，尝试给老师留下深刻的印象。另一方面，与孔子学院的氛围有关。孔子只是要子张把这几句记在心里，而没有让子张把它记在腰带上。孔子的反应，也很耐人寻味，他没有制止子张这样做，而是默许。孔子学院已经形成了一个良好的师生氛围。就像现在我们写完信有一个问候语，如"此致敬礼"之类，每次听完老师的谆谆教诲以后，弟子们常说的一句话："某某虽不敏，请事斯语矣！"例如，颜回问仁，老师回答完以后，颜回紧接着就说："回虽不敏，请事斯语矣！"（《论语·颜渊》）冉雍问仁，听完老师的话，则表态："雍虽不敏，请事斯语矣！"（《论语·颜渊》）很简单，现成的格式，每次只用把名字换一下就行。"不敏"已成为现在书信的客套语。

就像今天的书信问候语有很多形式，孔门弟子对老师的敬意也不是一成不变的。据《论语·述而》记载，孔子说："若圣与仁，则吾岂敢？抑为之不厌，诲人不倦，则可谓云尔已矣！"公西华马上表态："正唯弟子不能学也！"公西华的脑子很灵光，知道老师想听什么话。这个时候，如果哪个学生再说"某某虽不敏，请事斯语矣"，那就傻了，因为老师是在谦虚，学生要找对自己的位置，别以为自己什么都可以学。

有时候怎么对老师的话做出反应，难度是很大的。平时大都是学生问，孔子回答，一天孔子自己开了个话题："君子道者三，我无能焉：仁者不忧，知者不惑，勇者不惧。"（《论语·宪问》）老师在讲君子的三个特点，而且明确讲出"我无能焉"。俗话说，锣鼓听音，说话听声，善解人意的子贡回答得很漂亮："夫子自道也！"这个马屁拍得恰到好处，一点也不做作。

弟子对孔子的恭维可以概括为三个层次：

第一层次，听了老师的话就去做，这是好学生。颜回和冉雍属于这一类，他们都是德行科的优秀生。

第二层次，以自己的无能衬托老师的有能。公西华是这一档次的。

第三层次，直接称赞老师的优点。只有子贡做得最好。

孔子学院代代传承的秘密，是把学校家庭化、家族化，就像一个宗族那样来运作学校。

司马迁在《史记·孔子世家》的最后感叹："天下君王至于贤人众矣，当时则荣，没则已焉。孔子布衣，传十余世，学者宗之。自天子王侯，中国言六艺者折中于夫子，可谓至圣矣！"孔子学院的凝聚力，远超过任何帝王，任何贤人。帝王贤人这些人在世的时候荣华富贵，高朋满座，但是树倒猢狲散，人走茶凉。然而孔子虽然是个布衣学者，但他的名声和学说已经传了十几世，读书的人仍然尊崇他为宗师。用今天的眼光看，孔子的学说已经传了2500多年了，但仍然深深地影响着每一个读书人。

孔子也是人，有性格上的弱点，有控制不住自己情绪的时候，但是他的基调是对学生的关爱。孔子学院实际上是一所家庭化或家族化的学校。弟子视孔子为父亲，孔子视弟子为儿子。颜回死时，孔子想按照自己儿子孔鲤的规格安葬，其他弟子坚持厚葬，孔子说了一句话："回也，视予犹父也，予不得视犹子也。非我也，夫二三子也。"（《论语·先进》）孔子去世后，弟子们行的是父子礼，为老师服丧三年，三年后告别时又痛哭一场，子贡还在孔子坟旁建房又住了三年。为父母服丧三年，只是孔子自己提倡，当时社会并没有普及开来。由此可见，弟子对孔子的感情超过了一般的父子之情。

教育和科研运作的家庭化，是一种根深蒂固的文化现象，恐怕谁一时半会儿也改变不了。但是我们必须有一个清醒的认识，这种现象是有悖于教育和科学发展的。

32

儒家的文化基因

每个中华儿女，不管生在何时何地，也不论是否意识到，你身上都有儒家文化的基因，影响着你的言行，决定你的价值观和成就。

2011 年 5 月初，斯坦福大学历史学系的张少书教授作了一次讲座，以自己的亲身经历，讲述儒家文化对华裔美国人的影响。张教授已经是第四代美国移民了，从小在美国接受教育，但是他自己感受到仍深深地受儒家文化的影响。他从小接受的父母的教育就是，强调面子，服从秩序，尊重权威，谦虚谨慎，看别人的脸色行事，不出头，把自己融入大众里。然而西方文化则提倡个人主义，凸显自我，表达自己，领导别人。张教授提出了一个问题：当东西方这两种不同的文化基因发生碰撞的时候，会出现什么样的结果？

张教授指出了两个现象：第一，在斯坦福大学附近的硅谷，即世界 IT 行业的中心，聚集着大量来自中国、日本、韩国的高学历者，其中很大的比例是名牌大学毕业生，但是这些人大部分分布在公司中下层这个阶层中。第二，这些人当初找工作的共同出发点，就是傍大公司，给自己找一个安全的

纪念孔子诞辰的一幕。画面上可见的酒席有300余桌，这是我迄今见到的最盛大的吃喝场面。人们在吃的时候，是否想过孔子留给我们的文化基因到底是什么？

保护伞，而较少具有开拓精神，少有自己创业。第三，斯坦福大学自建校100多年以来，也有不少华裔学者，但是没有一个人担任过系主任以上的职务，而系主任则是大学里最基层一级的官员。

在张教授的讲座上，一位来听讲座的老华侨也感慨道，他在公司里工作了大半辈子，发现华人、印度人、非洲人之间有一个明显差别。公司里出现一个空缺，印度人、非洲人都会争先恐后地向老板表白："选我吧，我可以做好。"而华人大多是埋头苦干，希望以自己的行为感动领导，领导有一天会突然发现自己，走到自己的跟前，拍拍自己的肩膀："小伙子，你干得不错，马上提拔你。"可是这种事情永远没有发生过，结果那些好位置都被印度人、非洲人占去了。

当然，这种礼让的状况在海外华人中保持得比较好，国内情况已经有了明显的转变。不但一些人能够有足够的胆量表白自己想做官的愿望，甚至不少人还用经济的力量打通关系往上爬。

儒家的另外一个文化基因就是不讲逻辑，缺乏系统观。这是几千年来中国没有独立发展出现代科学的深层思维原因。这一点很多国人可能从情感上无法接受，但是我们必须面对这个残酷的现实。

《论语》就是一部中国科学技术史的缩影。单看《论语》中的每一句话，有很多闪光的甚至伟大的思想，然而同一章节的句与句之间，东一句西一句，说得不好听的话，就是东一榔头西一斧子，其间没有任何连贯性，更没有任何主题。每一句话只作判断，只下结论，不给原因，不给论证。章节和章节之间，更是八竿子打不着，甚至还有一些重复的内容。这不是说孔子的思想没有系统性，而是说《论语》的表述缺乏系统性，而且根本没有论证。当然责任也不在孔子，因为《论语》是他的弟子后来整理编纂的。但是这更说明一个问题，孔子学院的教育没有训练或者训练不出具有科学思维的学生。

这部被奉为中华民族的“圣经”的经典，是后世读书人最重要的教材，因此它的思维方式不可能不对后世的学人产生影响。在中国科学技术史上，不乏闪光的思想、伟大的发明，但是缺乏论证，没有逻辑性，欠缺系统性，致使很多优秀的科学思想无法传承和延续发展。这种状况还会导致重复劳动、才智浪费。

下面专门谈一个对几千年来中国教育影响深远的问题，孔子“有教无类”的教育思想。

“有教无类”是一个成语，受中学以上教育的人都知道它的意思：不论贤愚贵贱，都一视同仁地加以教育。这个成语出自《论语·卫灵公》。《论语》中的这句话，孤零零的，“子曰：有教无类”。前后内容都与教育无关，没有上下文。问题在于，这是孔子原来的意思吗？

易中天提出了完全不同的看法 。所谓“有教无类”就是说，人，原本是“有类”的。例如，有的智，有的愚；有的贤，有的不肖。但通过教育，却可以消除这些差别。这就叫“有教则无类”。可见“有教无类”是教育的结果，不是前提。

我从语言学的角度来证明，易中天先生的观点是正确的。也就是说，千百年来，人们都误会了孔子的话。表达“领有”这个概念的动词，在世界上许许多多语言中，都发展出一个重要用法，放在动词前，表达该动词所指的动作已经完成。这是人类语言的一个普遍规律。例如，学过英语的都知道，

影响中国两千多年的教育思想，可是我们都错会了夫子的原意。

英语中的 have（有）出现在动词 eat（吃）之前，表示“吃的行为已经完成”。汉语的不少南方方言都有这个用法，经常听到他们说“我有吃饭”，就是已经吃过饭了不用再招待他们了。

“有”的上述用法，在先秦汉语中也存在。下面是比《论语》更早的文献《诗经》中的例子：

> 子兴视夜，明星有烂。（《诗经·女曰鸡鸣》）
> 女子有行，远父母兄弟。（《诗经·泉水》）

学术界普遍搞不懂“有”在这里的意思，所以翻开词典，就会看到：“有，词头，无义。”其实，语言中是不存在没有意思的词语的。上面第一个例子的意思是，一位男士晚上起来看天空，发现启明星已经亮了。第二个例子的意思则是，女子出嫁了，远离自己的父母兄弟。很明显，只有出嫁的行为已经完成，才有远离父母兄弟的结果。

其实，“有”放在动词之前表示动作完成的用法也见于《论语》。例如，“子路有闻，未之能行，唯恐有闻”（《论语·公冶长》），“有闻”就是听到什么，“唯恐有闻”就是担心再听到什么。又如，颜回死时，孔子哭得非常悲痛，旁边的人劝孔子：“子恸矣。”孔子说：“有恸乎？非夫人之为恸而谁为！”（《论语·颜渊》）“有恸乎”就是“太悲痛了吗”。那时候“有”的一种用法相当于现代汉语的“了”。

因此，“有教无类”中的“有教”，准确意思是“已经教育了”，或者说“教育的行为已经完成了”。那么，“无类”自然是教育的结果，不可能是接受教育的前提条件。通过教育消除差别，这是孔子的一个重要的教育思想。那么，如何评价它呢？易中天先生认为，这是一个了不起的构想，因此，说孔子是中国历史上最伟大的教育家，一点也不过分。

我的问题是，教育能做到这一点吗？应该做到这一点吗？

第一，教育做不到孔子所说的“有教无类”。智、愚、贤、不肖，是人之天性。教育只能拉大这种差距，不会缩小这种差距。读书关键在悟性，一个天生愚笨的人，通过教育可以变得聪明一些，在知识上有所进步；那么一个天资聪慧者，会更加聪明，进步会更快。两者之间的距离只会拉大，不会缩小。以体能为例，李宁没有学体操之前，做自由体操可能翻一圈，我则一圈翻不了，我们天生的差距只有一圈；进入体校以后，我以断胳膊瘸腿的代价学会翻一圈，李宁可以腾空三圈半落地纹丝不动，我们的差距变成了两圈半。如果这个体校让我和李宁“无类”，变得一样，则只能对我拔苗助长，对李宁则要在胳膊上腿上坠四个铁锤。那么这个体校一定存在着严重的教育问题，绝对不可能培养出“体操王子”。其他学科的教育也是如此。

第二，教育也不应该把人都培养得一模一样。教育应该让每个人的个性和天赋得到充分的发挥，即个性化教育。同时，社会的需求也是多种多样的，学校只有培养不同的人才，才能满足社会的需要。

孔子如何在他的教育实践中贯彻“有教无类”这一思想呢？那就是截长补短，压高拉低。

《论语·先进》记载，一次子路问孔子：“听到马上就执行吗？”孔子回答：“有父兄在，怎么能够听到就做呢？”冉有也问同样的问题，孔子则说：“听到了马上去做。”一旁的公西华则一头雾水，问老师同样的问题，为何回答如此不一样呢？孔子解释道："阿求呀，性格退缩，所以要鼓励他；阿由啊，争强好胜，所以要压一压他。"

能不能通过这种教育来改变子路的急性子和冉有的慢性子呢？我想很难。为什么不能充分发挥他们两个的个性，让他们将来从事不同的职业呢？例如，让子路担任某城市消防站的站长，哪里有火灾，就立即行动，不必再去征求他父兄的意见才决定这场火该不该灭。让冉有作某城市规划处的处长，把城市建设事先规划好，不要一条马路，今天自来水公司挖开一次，明天废水排放公司挖开一次，后天供电局铺电缆再挖开一次，这样不仅可以避免巨大的浪费，而且也不会给老百姓带来交通不便。

"过犹不及"这个成语也出自《论语》，它与"有教无类"密切相关。一次子贡问："阿师（子张）和阿商（子夏），谁更优秀？"孔子说："师呢，过了；商呢，不够。"子贡说："那么是不是阿师好一些吗？"孔子的回答为"过犹不及"（《论语·先进》）。在孔子看来，过了和不够一样是不好的。

孔子所追求的"有教无类"，不仅是性格都一样，能力都一样，而且专业知识也都要一样。这就是为什么樊迟要学农业，孔子会那么生气的一个原因。孔子的理想就是把每个人都培养成政治、伦理方面的人才。

北京2008年奥运会开幕式的一幕，演绎孔子的三千弟子。这种追求大一统、整齐划一的教育思想，是否有利于人才的培养？是否能够应对新世纪的挑战？

"有教无类"的教育思想，也有它积极的一面，就是现在所说的公民化教育，每一个公民都要接受一定的必要的知识训练。特别是进入社会大生产时代，每个工人都应该掌握同样的技能，让他们接受同样的训练。

然而，"有教无类"也有它负面的影响，与个性化教育背道而驰，限制了创造性人才的培养。压制个性，并不是我无端给孔子加上的一条罪状。他以身作则，杜绝四种毛病：

> 子绝四：毋意，毋必，毋固，毋我。（《论语·子罕》）

孔子要杜绝的四点，正是个性化教育应该提倡的，也是创新型人才应该具备的素质。几千年来，中国教育所缺乏的，所应该深刻反省的地方，就出于儒家的这一教育思想。

做到上述四点的学生，自然好管理。孔子最喜欢的学生颜回，就是遵守这些纪律的模范，从来不讲老师没有说过的话，从来不下肯定的判断，从来不提自己的观点，也从来没有意识到自己还具有独立思考的能力。对夫子除了崇拜，还是崇拜。听夫子的讲话，没有不专心的；听了夫子的讲话，没有不高兴的。所以得到夫子像唱咏叹调似的称赞："贤哉回也！贤哉回也!"反面典型宰予，处处违背上述四点，所以总是得不到老师的好气。

值得人们深思的是，几千年来中国有太多颜回这样的乖学生，宰予这样具有独立思考精神、敢于坚持己见的学生则太少了。

中国与西方教育的显著差别在于：中国教育，有教无类；西方教育，有教有类。这也反映在日常语言表达上。美国老师夸一个学生优秀，常说"You are special"。这句话如果直接翻译成汉语，"你很特殊"，"你跟别人不一样"，"你很另类"，那就成了批评人的了。谁听了这话都不会高兴。

美国的教育部规模很小，职能非常有限，基本不干涉高等教育。大学没有统一的教学大纲，每个学校可以独立地发展自己，每个老师可以独立决定教学内容，每个学生可以独立设计自己的学习。它的成功之处在于，使得每个人的才能得到充分发挥，每个人的个性得到充分发展。

在中国人看来，孩子学习，是为父母学的，是为老师学的。经常可以听到不少家长对孩子讲："你给我考个双百分（数学和语文），我给你奖励个什么什么。"老师对学生讲："你把作业给我按时交来。"很多很多的"给我"，

儒家思想对现代的教育意味着什么？中国要成为科技强国，要继承儒家文化中哪些元素？扬弃哪些元素？

久而久之，学生就忘了学习是为了自己。

2008年北京奥运会的主题歌的歌名，也蕴涵着东西方教育的一个重要差别：中文的歌名是《我和你》，英文的歌名则是《You and Me》，顺序恰好颠倒。我们的教育是“我和你”，这里的“我”就是我们的教育家，我们的教育领导者、管理者，我们的老师，我们的家长，这些是第一位的；而“你”则是学生，受教育的对象，受教育者则是第二位的。西方则正好与我们相反。

教育的理念，决定教育的成效和人才的培养。儒家教育中的“有教无类”，值得我们认真反省。同时，儒家教育压制个性的发展，是我们应该警惕的，它不仅对我们的人才培养不利，而且使得中国人在国际竞争中处于劣势。

33

大学“大”在何处

中国的教育源远流长，但是从一开始就与西方的教育理念差别甚大。

“大学”二字来自儒家经典《大学》。其中的“大学”之“大”在何处？该书开宗明义：“大学之道，在明明德，在亲民，在止于至善。”这是指理想的政治家应该具有的道德修养。孔子学院实际上是一所政法大学，它的目的是为政界输送人才，他们最优秀的人才就是最理想的政治家。

汉语的“大学”对应于英语的“university”。英语这个词原本指的是包罗万象、各种各样的学科知识。所以东西方的“大学”观念从一开始就很不一样。中国传统的“大学”之“大”，大在大道德、大政治家，而专业范围是相当单一的，主要只有道德伦理一门；西方的“大学”之“大”，大在知识范围，万事万物，无所不包，无所不容，从天文到地理，从数学到物理，什么学科都有。

所以，在中国古代“大学”里发生的事情，在西方大学里就不可能发生。根据《论语·子路》的记载，一次樊迟向孔子提出，想学种庄稼，学种菜，孔子骂樊迟为小人，没有出息，如果做一个政治家，只要讲究信、义、敬，自然有老百姓甘心情愿来做你的臣民，哪里用得着学这些？而在西方的大学里，如果有学生提这种要求再正常不过了，假如学校没有这方面的老师，校长会去请，没有这方面的专业，大学会开设。

中国人现在的大学观念，来自西方，但是始终还受根深蒂固的传统教育观念的影响。

知名教育家梅贻琦，在 1931 年任清华大学校长的就职演讲中提出一个著名的论点："所谓大学者，非谓有大楼之谓也，有大师之谓也。"普遍认为，"大师论"是梅贻琦将西方高等教育理念移植到中国本土的最成功的例子之一。梅贻琦在清华大学任职期间，千方百计广招人才，使清华园内人才济济，有效地推动了清华大学学术和教育的进步。

然而，在我看来："所谓大学者，非谓有大楼之谓也，亦非谓有大师之谓也，培养大师之谓也。"能否培养大师，这是大学区别于研究所的关键。例如，普林斯顿高等研究院有一大批数学、物理和化学等领域的大师，爱因斯坦曾经在这里工作过，但是它不能叫大学，只能叫研究所。为什么？它只供养大师，而不培养大师。普林斯顿大学才是真正的大学，因为它不仅拥有大师，而且还培养大师。

那么，我们就要改变这种意识：似乎从国外请一批大师过来，如授予若干诺贝尔奖获得者荣誉教授称号，特聘一批国外的知名教授来短期任教，大学因此就变"大"了。对于这种引进，关键是看成效，要看学生能不能学"大"，学校能不能培养出大师。否则，没有实质性的意义，只是装点门面而已，也就是花钱打造面子工程。

我比较赞同原北京大学校长许智宏教授的观点：真正的"大"学，学术之大，责任之大，精神之大，尽在其中。可是中国大学近年来愈演愈烈的"做大做强"之风，则使大学之"大"变了调子。曾任耶鲁大学校长的施密德特对中国教育坦率地提出了批评："他们以为社会对出类拔萃的要求只是多，课程多，老师多，学生多，校舍多。"人家指出的现象的确是普遍存在的。

既然大学之"大"在于人才的培养、大师的培养，就要在学生和老师的比例上进行严格控制。古今中外成功的教育范例证明，大师的培养不能靠人海战术，学生要得到老师的精心呵护。

先从孔子学院谈起，因为它不仅拥有中国历史上最伟大的老师，而且也培养出了一批最出色的学生。按照成功率或者成才比例来说，在中国教育史上，孔子学院也是无与伦比的。导致这种成功的因素很多，最重要的一点是学生和老师的比例。

张艺谋策划的2008年北京奥运会开幕式，展现孔子办教育的盛况，弟子三千，吟诗读经，场面相当壮观，让世人震撼。然而，孔子有弟子三千，只是一个传说，即使有，也是他一生所教的学生，不可能是同一年龄段的学生同时在校学习。如果真是那样，孔子即使有三头六臂也照顾不过来，因为孔子学院毕竟只有一个老师，并兼任校长。

胡玫执导的电影《孔子》，孔子学院的课堂上动辄就是四五十人以上，就像现在大学的班级一样。这是把当代教育的现象植入2500年之前的孔子学院。然而真实情况可能相去甚远。

根据《史记·仲尼弟子列传》记载，孔子有高材生77人，这应该是真正到门下授业的。而且其中有一大半只留下名和姓，什么事迹也没有；哪怕只留下一句话这样业绩的人，实际上也只有30余人。这就是孔子一生所教

2008年北京奥运会开幕式，演绎当年孔子办教育的盛况。其实这是当今办大学的理念，人多势众，也是对孔子办教育的错误解读。一个教授同时带这么多同年龄段的学生，那时候又没有扩音器，谁能听清老师在说什么？

学生的档案。那么，孔子的授课班级有多大，也就是说同时围绕在他身边听课的学生有多少？这一点对我们今天办教育者应该启发很大。

先看古画传递出来的信息。根据流传下来的古代有关孔子和学生互动的画作，最多的一次是 14 个学生同时在场，然而最常见的学生人数在 3～6 名。

根据流传下来的古画，这是孔子授课班级人数最多的一次，共 14 人。然而根据《论语》的记载，授课时绝大多数情况下都是三五名学生。这就是孔子学院最出人才的原因之一。

从《论语》的记录来看，同时在场的学生人数最多为 4 名，就是那段著名的“子路、曾皙、冉有、公西华侍坐”。而最常见的则是 2～3 名学生。

在《论语》中，孔子自己经常用“二三子”称呼他的学生，作为他的学生的代名词。例如：“二三子！偃之言是也。前言戏之耳！”（《论语·阳货》）“二三子以我为隐乎？吾无隐乎尔。吾无行而不与二三子者，是丘也。”（《论语·述而》）“且予与其死于臣之手也，无宁死于二三子之手乎？”（《论语·子罕》）如果真的像电影里那样，坐着四五十名学生，而孔子称呼“二三子”，显然是不合适的。从这种称呼上也可以看出孔子的授课班级是很小的。

根据以上多方面的证据，可以推断，同时在孔子身边接受教育的就是三五个学生，这与真实情况出入不会很大。古画有些夸张，电影就更失真了，北京奥运会的开幕式纯粹出于造势需要。

孔子实行的是典型的小班教育，这是他的成功因素之一。只有这样，孔子才可以了解每个学生的志向、品行、爱好、优点和缺点，从而因材施教。更重要的是，每个学生都可以向老师及时请教各种问题，深入细致地讨论古代的典籍，如切如磋。所以孔子学院才出现了很多大人、君子，对儒家思想做出了创造性的贡献。

办教育者一定要懂得，大师或者高端人才是精雕细刻、反复打磨出来的，不可能批量生产。只有从事大生产的技术工人才是可以集体培训、批量生产的。

再来看看美国几所著名大学的情况。我统计了几所著名大学的师生比例，包括哈佛大学、斯坦福大学、普林斯顿大学、麻省理工学院、加州理工学院，它们的教师与本科生之比，一般在 1∶5 左右，加上研究生，老师和学生之比不超过 1∶10。小而精办学最成功的典范是加州理工学院，本科生和研究生的人数加起来也就刚过 2000 名，学校的教师大概有 300 名左右，然而它的成绩斐然，诺贝尔奖获奖人数位居世界第四名，培养出了许多著名的学者，钱学森先生就是于该校获得博士学位的。

从大学的宣传侧重点上也可以看出东西方办大学理念的显著差别。中国的大学往往热衷于学校的规模大、人数多，然而西方的大学则与我们正好相反，他们讲究的是小而精。我们的大学宣传，倾向于强调学校人数如何如何之多，如有若干若干万本科生，若干若干万研究生，似乎多了大了就“牛”。然而西方大学的宣传策略则正好相反。例如，斯坦福大学在宣传自己的一则广告中特别说明，它 70％左右的本科班级的学生人数都在 20 名之下，这意味着学生有更多的机会接触老师，教学质量更能得到保证。

当然，造成上述现象还有一个社会因素。中国大学的运作主要靠政府拨款，而政府拨款的标准之一就是大学的招生人数。结果，很多学校为了求生存，就不得不扩大招生规模。但是我们必须清楚地认识到，这是制约大学培养出人才的因素之一。

新加坡的办学理念完全是商人式的，他们考虑最多的是如何在经济上划算。我在新加坡国立大学教书，大学有这样一则规定：凡课堂不足 20 个学生的课程，大学认为经济上不划算，要求两年开一次，或者干脆取消，以节约开支。不论是只想省钱的教育，还是只想赚钱的教育，恐怕都与大师的培养越来越远。

根据我自己的读书经验，小班教育是培养人才的重要保证。在 20 世纪 80 年代，我国的大学很多专业一年只招一两个研究生，而且宁缺毋滥，招不到好学生就空下来。我读研究生时，一个专业只有一两个学生，全国同一专业的研究生加起来也就是二三十个人。但是那时候的成才概率相当高，绝大多数研究生学有所成，在大学担任了职务，并在学术上有所建树。可是这些年来，同一个专业一年就招几十人，三届加起来就是一百多人。但是这么多毕业生，却很难找到20世纪80年代那种成才者。原因很明显，一个老师带几十个研究生，学生读书三年几乎没有机会与老师面谈，学生不了解老师，老师不了解学生，这样的教育怎么才能培养出人才呢？

小班教育，应该从中小学就开始。记得在克林顿执政期间，美国中小学发展的目标之一就是把班级缩小为20个学生一个班。根据我这次在美国的调查，中小学的班级规模大都在20～30人。可是中国很多中小学，特别是一些重点中学的班级，都在50人以上。有些地方的教育局甚至规定，每60个学生才配备一个教师指标。这种大兵团式的教育模式，既拖累了老师，又埋没了学生，恐怕与大师的培养越来越远。然而，为了国家的未来，这种教育的投资是不能“节约”的。

根据2008年的统计，中国授予博士学位是5万多人，居世界第一；全国大学毕业生559万人，也是世界第一。在数字上确实是发生了翻天覆地的变化，但是只能说明我国高等教育开始走向大众化，还远远说不上是科学文化的强国。

我认为，中国教育有两个误区，一是“素质教育”，二是“精英教育”。

“素质教育”似乎成了“知识佐料”，在学生功课之外，再掺和一些体育、音乐、美术，好像就有利于学生将来成才。真正的“素质教育”在于教学的质量，学生如何在老师的精心教育之下，对知识融会贯通，将知识转化为能力，并富于想象力、创造力。

“精英教育”通常是把教育资源集中在少数考高分的学生身上，或者把大量资金投资在少数重点学校上，造成教育界的贫富不均。然而高分者不一定高能，在只讲规模的教育模式中，更多有天分的学生被忽略、被埋没。

总之，“大学”之“大”，到底大在何处，这是我们应该认真反思的一个问题。在我看来，一所大学是否真“大”了，关键要看它能否培养出大师。

没有大担待、大气魄的教育理念，也就不可能培养出世界级的大师。HP是当今世界销量最大的电脑品牌，“HP”分别是公司创办人的姓氏的第一个字母，他们的全名分别是比尔·休利特（Bill Hewlett）和戴维·帕卡德（David Packard），两人都是斯坦福大学的毕业生。他们为母校捐款盖了一栋教学大楼，学校为了纪念他们，在大楼的墙壁上悬挂着他们的相片和赠言。帕卡德的赠言是这样的：

> 我们国家未来的强大，不能再像过去那样主要依赖于自然资源和地理优势，只能靠人民的坚韧、能力和远见。在这个方面，斯坦福和所有其他著名的大学必须明确自己肩负着责无旁贷的责任。

其中的真知灼见、忧患意识，特别是大思维、大视野、大担待，对我们的大学教育不无借鉴之处。

34

最理想的师生关系

以前讲“师道尊严”，现在又有学校提出“为学生服务”，似乎师生关系一定要有个主从，不是西风压倒东风，就是东风压倒西风。

我觉得最理想的师生关系是“谁也不用讨好谁”。老师按照本学科的规律和特点，把课上好，教给学生准确的、系统的知识和技能；学生根据学科的要求和自己的兴趣把学习搞好。只有这样的教育，才能使学生不断进步、健康发展。

一提到“师道尊严”，人们就会追溯到孔子那里，认为这是孔子开辟的传统。其实，孔子是很民主的，他与学生之间的关系也比较轻松，所以孔子学院才能产生那么多杰出的人才。下面讲几个事例。

孔子与学生的平等首先表现在问问题上，学生问孔子，孔子也问学生。《论语·阳货》记载，一次子贡问孔子：“君子有没有憎恶的事情？”孔子说：“当然有啦，憎恶那些说别人坏话的人。阿赐呀，你有没有什么憎恶的事情？”子贡回答：“憎恶把侥幸得手当成聪明的人。”

孔子讲学的气氛很民主，孔子讲完以后，学生还可以补充，学生的言论甚至比老师更精彩。

子贡曰："贫而无谄，富而无骄，何如？"子曰："可也。未若贫而乐道、富而好礼者也。"子贡曰："《诗》云：'如切如磋，如琢如磨'，其斯之谓与？"子曰："赐也，始可与言《诗》已矣！告诸往而知来者。"（《论语·学而》）

这段话显示出一种最美好、最理想的师生关系。子贡先提出自己的高见，孔子说不错，并接着提出了更高一层的见解，接着子贡用《诗经》对老师的话做出了精辟的概括。结果，孔子大为赞赏："阿赐呀，告诉你过去，你就可以推知来者，以后我们可以一起来讨论《诗经》啦。"孔子不愧是一个伟大的教育家，能有这样气度的老师并不是很多。作为老师都可以反躬自问一下，如果学生表现得比自己还优秀，在讨论中占了上风，你会怎样？会不会觉得失面子？会不会觉得酸酸的不是滋味？会不会拿别的话题杀一杀学生的威风？会不会批评学生太傲气了？在知识面前人人平等，孔子以身作则，这仍然是值得我们今天的学人借鉴的地方。

正因为子贡有这样的学习环境，他后来才成了大商人、杰出的政治家，同时对儒家理论建设也做出了杰出的贡献。其实在当时就有人认为子贡的水准超过了孔子。叔孙武叔在鲁国的宫廷上对其他大夫说："子贡贤于仲尼。"（《论语·子张》）这话不是空穴来风，也不是在拍子贡的马屁，看看上面这则对话就知道了，即使不说子贡比孔子水平高，起码也不低。《论语》中关于子贡和孔子互动的记载很多，在我看来，很多时候，子贡确实青出于蓝而胜于蓝了。

从总体上来看，孔子不仅民主，而且和善，所以学生才敢当面对老师的话表示不满意，甚至直接批评老师的观点。一次子路向孔子"问君子"，孔子回答了四个字："修己以敬。"子路很不耐烦地追问："就这么多吗？（如斯而已乎）"孔子又补充了一句："修己以安人。"子路还是不满意："如斯而已乎？"孔子又蹦出了七个字："修己以安百姓。"（《论语·宪问》）还有一次，卫出公要任用孔子，子路就问孔子："你做好准备了吗？人家任用你，你先从哪里着手？"孔子回答："先要正名啊！"子路："正什么名！您怎么迂腐到这种地步!”子路不仅仅是与老师平起平坐，甚至有点儿“凌驾”于老师之上了。由此可以看出，孔子平时对学生是很宽容的，否则，如果孔子觉得学生有一点儿不敬就大为恼火，甚至把他逐出孔门，杀一儆百，谁还敢这样？

学生也可以提出与老师观点不一样的看法。孔子主张父母去世之后应该服丧三年，一次宰予对孔子说：“三年太长了，我觉得一年就行了。君子三年不习乐，不讲礼，必然导致礼坏乐崩，对精神文明建设不利。而且人们要春种秋收，一年到头哭哭啼啼，吃什么呀！对物质文明建设有害。”孔子马上问道：“这样做于你心安吗？”宰予回答了一个字：“安！”转身就走了。孔子当时是对宰予不满，事后也对宰予有看法。一次宰予白天睡觉，孔子骂他为垃圾：“朽木不可雕也，粪土之墙不可圬也。”（《论语·公冶长》）这是人性的弱点，孔子也不能免俗。但是，这件事情起码给我们透露出一种信息，孔子学院没有“无条件服从老师，不许提不一样的观点”这种禁令。

在我看来，孔子学院的师生关系与当今世界著名大学最为接近。孔子学院中的师生关系是健康的、理想的、向上的，这是由他的办学目的决定的。孔子和他的学生都有一种使命感，为当时无道的社会寻找出路，探求社会人生的真谛，让人们的生存环境变得更加美好。正因为孔子学院的学生有了这种使命感，学生才能始终跟随着孔子。在周游列国的途中，那种波折磨难是难以想象的，但是都没有摧垮他们的精神。学生被贬、被骂甚至被开除，但仍然痴心不改，就是因为他们对社会有共同的责任心，他们都是有大担待的君子。如果教育没有了使命感，老师和学生就丧失了精神追求，之间的关系必然会走调。

最理想的师生关系就是老师和学生具有共同的追求，而且这种追求是积极的、奉献的，通过探讨社会或者自然的规律，使得人们的生存环境更加美好。然而，教育一旦掺杂了私利，或者为了牟利，或者为了声誉，抬高自己打压别人，甚至发展自己毁灭别人，教育就会变味、走样。

在孔子去世之后，孔子学院相对平等的师生关系就变了，这是因为条件变了。要避免树倒猢狲散，需要一个领袖，学生选择了家庭式的运作方式。第一，把孔子上升为父亲，在孔子去世后大家行父子礼，为孔子守丧三年，学生之间自然就成了兄弟。这种家庭化的运作模式是在特殊条件下形成的，对我们今天的教育文化仍有深刻的影响。第二，要向国君推行孔子的理论，让天下人尊崇孔子的学说，就必须把孔子神圣化，子贡、宰予等人的“造圣运动”中的一句口号就是“自由生民以来未有贤于夫子者”，把孔子抬升为自有人类以来最伟大的人物。这样，孔子与学生之间的距离就拉开了，也与平民越来越远，越来越令人觉得他高深莫测、威严难以亲近。

其实，孔子是明确反对把他神圣化的。有一次太宰问子贡：“夫子是不是个圣人？怎么这样多才多艺呢!”子贡回答说：“上天要造就这样一个圣人，所以才赋予夫子这么多才能。”孔子听了很不高兴，说：“太宰了解我吗？我因为小时候家境贫困，所以才学会了很多生存的技能。”孔子表面上说的是太宰，实际上是不满子贡把他神圣化。孔子的伟大正在这里，他始终能以一颗平常心来看待自己。孔子实际上是“被圣人”的。

大家都尊崇“大师”，拥戴“泰斗”，但是不论是教育界还是学术界，一旦有人“被大师”、“被泰斗”，特别是有人“谦虚”地接受了这两顶皇冠，对所有当事人来说都不是一件好事。对于学生来说，大师的话，你敢不敢不听？泰斗的理论，你有没有勇气去质疑？对于大师或者泰斗自己来说，除了自以为是还能有别的选择吗？那些愚民的反馈还值得考虑吗？大师、泰斗一旦出现，必然把教育引向求名逐利，出现学术思想上的独裁专制，这与科学中的求真是相悖的。注意，这里的“大师”与本书所讲的并不是一个概念。

大师，泰斗，还有所谓的专家、学术权威，形成了思想领域的“特权阶层”，拥有发表“正确观点”的权利；那些学生，还有大众，被迫或者主动交出了独立思考的权利。这与政治界、经济界的情况是一样的，一旦有了特权，必然导致不公。要么是政治、经济地位的不公，要么是独立思考权利的不公。

在孔子去世之后，他的学生就把师生关系变成了父子关系。这一直影响到今天，现在的学术文化界，老师和学生之间的主流关系仍然是父母和子女之间的关系。各行各业也是如此，师傅和徒弟，情同父子。

国内教育界有一种说法，认为西方的老师和学生的关系像朋友。这也是一种误解。什么叫朋友关系？朋友之间在生活上相互关照，在感情上经常交流，信息内部分享，遇到困难则互相帮助，在是非和感情选择上，感情第一，是非第二。然而在西方的大学里，虽然不排除在博士生阶段导师和学生通过长期合作而培养起情感和友谊，但是通常这只限于学术领域，不会或者很少触及生活层面。我观摩了斯坦福大学文理各个学科的本科生上课，没见过哪个老师特别喜欢某些学生，也没见过课前课后，某几个学生缠着某个老师说东说西，想和老师建立一种特殊的关系。

从“文化大革命”至今，老师和学生的关系，从一个极端走向了另一个极端。我是在“文化大革命”时期读的小学和初中，很多事情都还记得。我上小学的时候，正直反击“右倾”翻案风，上面指示，发动学生揭发老师，罗列老师的罪状，写老师的大字报。吓得一位平时爱批评学生的老师连忙给我们解释：“以前我批评你们，也是在骂自己。我不是说过你们‘驴（屡）教不改’吗，不就是说我自己蠢得像一头驴吗？”现在想起这件事，还令人心酸。后来在“拨乱反正”时期，要重塑老师的尊严，在各种重大节日，特别是在教师节前后，学生要给老师送些礼物，问候一下。现在各级学生毕业盛行一种“谢师宴”，感谢老师的教育之恩。其实，老师的尊严哪能靠可怜的学生的这点东西来建立，主要看政府给他们的政治地位和经济待遇。学生毕业，当然是一件值得庆贺的事。在美国，研究生毕业，都是老师请客，因为老师又有一个“新产品”问世了。如果真要庆贺毕业，我们是否可以借鉴一下西方的做法？

最理想的师生关系既不是父子关系，也不是朋友关系，而应该是一种君子关系，君子之交淡若水，老师教好自己的课，学生学好自己的功课，谁也不用讨好谁，大家为了求真走到一起，目标不是个人的私利和名誉，而是为了实现自己的价值，为了让人们生活得更美好。

我对斯坦福大学多个系科的课堂进行观察，发现一个共同现象，老师从来不干涉学生的学习方式和态度，迟到、早退、是否上课，老师从来不过问。有些学生在课上了多半节时才进教室，还有些学生在上课中间离开，进出时门都有响声，老师看都不看一眼，更不要说批评了。至于课后如何学习，老师也从来不在课堂上讲。老师摆明一种态度：学习是学生自己的事，学生只要把作业按时交来，考试过关就行；当然，不过关也是学生自己的事，老师只要把书教好就行。这就是一种淡如水的君子式的师生关系。

中国传统教育往往把教学的责任推在老师或者家长的身上，学生没学好，要么是父母的责任，要么是老师的过错。《三字经》的这几句话就是这个意思：“养不教，父之过。教不严，师之惰。”现在社会流行一种说法：

“没有学不好的学生，只有教不好的老师。”似乎学好学不好与学生没有什么关系。这里有一个逻辑，似乎老师教好了，学生自然就学好了。这个逻辑是有问题的，再好的老师，学生不去学也是没有办法的。斯坦福大学的教育给人这样一种启发：教好教不好，这是老师的事；学好学不好，这是学生的责任。各自努力做好自己的事情，互不干涉。

互不抱怨，这也是理想师生关系的特征。我在斯坦福大学这么多年，令我印象最深刻的一点是，不管是在公开场合还是私下里，我没有见过任何老师讽刺、批评、训斥或者惩罚学生，也没有见过任何学生抱怨、蔑视、谩骂、反抗老师。气氛是那样的轻松和谐！斯坦福大学的老师很多都是国际知名学者，眼光和要求都非常高；斯坦福大学的学生也都是在世界范围内选拔来的尖子。因为师生互相对对方的期待都很高，按常理是很容易产生矛盾的，但是斯坦福大学却没有出现这种情况。能做到这一点很不容易。老师和学生要各自守住各自的道：老师要尽职尽责，提供高质量的教学；学生要认真努力，呈现最优秀的学习成果。此外，师生不仅要用强大的道德规范来约束自己，还要有一个共同的目标，即追求真理。

东方教育中有一个误区，似乎老师横眉怒目，学生被吓得战战兢兢，才能出人才。有这样的说法：“骂是爱，打是亲，不打不骂出浪荡子”；“棍棒之下出孝子，板子之下出才子”。这也许是有些道理的，特别是在具体技能的获得上，在严厉的惩罚之下，那些懒学生、笨学生是会学点儿技能。但是不管在哪个领域，大师的成长必须要有一个自由轻松的环境，只有这样，他们的能力才能得到充分的开发，他们的智慧才能完全发挥。

农耕文明对教育的影响

中华民族几千年来一直是一个农耕民族，由此产生了农耕文明、农耕哲学。农耕文明有几个重要特点：

第一，讲究实用。投入进去，在可见的将来要有回报。因为，种庄稼要讲收成，一季歉收，肚子就要挨饿。

第二，提倡勤奋。俗话说“天道酬勤”。种庄稼，怕流汗水，懒惰，不按时施肥除草，地荒了，一家人只能喝西北风了。

第三，种瓜得瓜，种豆得豆。这是从种植庄稼中得出来的朴素哲学观，因为没有人见过种豆子结出一个大西瓜，种芝麻长出一片大葵花。

第四，重视打基础。从种庄稼中大家悟出一个道理，庄稼的根要长得好、扎得牢、扎得深，这样庄稼才能长得壮，最后收成才能好。

总之，农耕文明重视过程。相比之下，渔猎文明孕育出的哲学思想，主要看成效，不管你做了什么准备，最后谁能捕到鱼，谁能打到猎物，谁就是好样的，谁就可以不挨饿。而且渔猎文明孕育的思想倾向认为，一种劳动可以有多种收获，一网撒下去捞上来的可能是鱼、虾、螃蟹，一天打猎下来收获的可能是野鸡、兔子、狼。

农耕文明对我们的教育和学术有很深的影响，表现在方方面面。

农耕文明特别重视打基础。很多大学在对本科生的指导中都明确提出，要牢牢打好专业基础，才可能胜任未来的工作。这是中国的家长、老师和校长经常提及的一个话题。然而，我看了很多美国著名大学的校长在开学典礼上的讲话，没有提到打专业基础的。就从耶鲁大学校长 Richard C. Levin 在 2010 年 8 月开学典礼上的致辞来看，他所强调的是，大学开设 2000 多门课程，一个学生尽量多涉猎一些领域，敢于学那些自己想都没有想过的课程，这样才有更多的机会发现自己真正感兴趣的学科，让自己的才智得到充分的发挥。

人家强调的是面，而我们强调的是点。我们强调的是专注而深入，这是种庄稼的方式，不能这里种棵苗，那里插根秧，到处乱跑，而是要把一块地都种好。中国学生的学习方式、学者的研究方式都是如此，一辈子种一块地，与邻里老死不相往来。

进了大学以后，特别是研究生阶段，最常听到老师的劝告是，一定要把基础打好。有些学生或者年轻老师发论文多了，导师甚至还有一种担心，认为学生冒进，基础打不好，将来苗也会长歪。评职称或者晋升的时候，一个人的论著多了，很多时候反而成了缺点，被认为是浮躁草率的表现。反而那些不出活的，别人会说他十年磨一剑，做学问严谨。这些都是农耕文明中特有的现象。我在美国的大学里从来没听到老师强调打基础，更没有老师说先打基础后出成果，在研究生期间，很多学生都能够在一流的杂志上发表文章。

根据我对多系科国际顶尖级大师的统计，他们都有几个共同特点：涉足的领域广，著述丰富，论著被引用的频率高。

基础牢就能出好成果，并不完全适用于科学发明创造。就拿获得菲尔兹奖的两位华裔学者丘成桐和陶哲轩来说，他们获得数学界最高荣誉的年龄都在 30 岁左右，由此可以推断他们的成果都是在 30 岁之前做出来的。然而到了后来，应该说他们的基础更牢了，知识更多了，反而做不出 20 多岁时那样好的成果。詹姆斯·沃森发现 DNA 双螺旋结构时才 25 岁。任何科学发现都需要一定的知识基础，但是更需要的是想象力、创造力和打破传统观念的勇气。

我们的教育在强调打基础的时候，往往忽略甚至压制了年轻人的创造精神，这也是值得中国教育反思的地方。

中国学者搞学术研究，就像农民用田埂分割农田一样，把一个学科切割成一小块儿一小块儿，每个人都在自己这二亩地里经营，不去涉足别人的领地，也不允许别人踏入自己的领地。这就是学术研究上的小农意识。

根据我的观察，一个人要成为大师，不仅要对自己的本学科有一个全面的把握，而且对整个科学体系要有整体的理解，具有自己观察世界的哲学观，视野要广，因为科学发现往往是在学科交叉的领域产生的。爱因斯坦的相对论，实际上是数学和物理的交叉地带，他对有关现象思考了很久，百思不得其解，后来受 Rieman 的数学理论的启发，运用新型的数学工具，最后才创立了相对论。

对中国教育和学术影响最深刻的是“种瓜得瓜、种豆得豆”的思想。突出表现在研究生的招生上。以语言学专业的博士生招生为例，都有专业课考试，一般都是本科、硕士生阶段的专业一直是语言学的学生才会来考，偶尔有一个非该专业的学生报考，导师可能会认为他基础不牢而不予录取。然而美国的大学的语言学系招生，不考专业，主要看背景，他们不一定对本科阶段专业是语言学的学生特别感兴趣，而往往优先考虑不同专业背景的学生。以斯坦福大学语言学系教授的背景为例，他们的本科专业真正是语言学的并不多，绝大多数来自数学、哲学、心理学和计算机科学等领域。斯坦福大学的语言学系在美国是数一数二的，有很多大师级的人物，他们是各个语言学分支的风云人物，这与他们知识背景多样、思维活跃有着密切的关系。

西方学术界更相信的是“种瓜得豆，种豆得瓜”。他们的学术研究不仅是“墙里开花墙外香”，而且也做到了“种桃开出梨花香”。例如，一个语言学教授对哲学颇有研究，同时也兼任哲学系的教授；心理学系和计算机科学系的教授对语言很有研究，也在语言学系做教授。斯坦福大学讲“创造性思维”这门课程的老师，原来是学习护士专业的。本来学这个专业，却在另外一个专业有所建树，西方学者认为这是成长过程中的一个正常现象。然而这些在我们国内学者来看，不仅觉得费解，甚至觉得是不务正业。

易中天先生的本专业是文学，后来在历史学、哲学甚至语言学领域著书立说。相当大一部分人感到不可思议，甚至还有人质疑他的专业知识。西方文化中是不会有人提出这样的疑问的，因为这再自然不过了。科学发展无数次证明，物理学研究做得好的，往往数学好；数学研究做得好的，往往具有深厚的物理学背景。很多学科也是只有跨学科的人才能做好。一个文学专业出身的学者在历史领域比历史学专业的学者做得好，更受大众欢迎，这一点儿也不奇怪，因为新的视角往往带来新的发现和新的感悟。

我们的研究生培养机制，如果能够打破传统专业知识的限制，语言学专业可以招收计算机科学背景的学生，数学专业招收物理学背景的学生，物理学专业招收数学背景的学生，这样学生才会更加有创造力。西方学术界讲究的是“黑猫白猫理论”，不管你原来做什么，只要发现真理就是好样的。

多学科交叉领域最容易产生突破进展。斯坦福大学把这种教学理念贯穿在教育实践中。其中一个很值得中国的大学借鉴的创意是，博士生在高年级阶段开始写论文时，有一个特别的奖学金，共一年时间，让不同专业的博士生住在一个大院子里，这些博士生来自数学、物理、化学、生物、哲学、语言学、心理学等各个系科。他们每天见面，吃饭聊天的机会就多，说不定某个人就可以从别人那里得到灵感的火花，做出重大的科学突破。当今世界的各个学科领域中，都有斯坦福大学培养出来的英才，这与他们独创性的教育方式不无关系。

为了能让学生互相借鉴，具有创造力，斯坦福大学在宿舍的安排上都煞费苦心。这种做法，特别是这种精神，很值得我们的大学借鉴。中国大学有一个长期不变的理念是，同一个系科的学生尽量安排在一起。似乎这天经地义，合情合理。殊不知换个角度思考，不仅可以有一个全新的发现，而且还会有意想不到的结果。

在中国学术界经常听到这样的批评：“某某不是搞这一行的，不是科班出身，基础不扎实。”这由逻辑推导得出的结论就是：“他的学术不行!”这还是农耕文明的思想方式。

用打地基与盖高楼之间的关系来说明学习专业知识与造就大师之间的关系。要盖高楼，地基一定要扎得深、打得牢。然而仅有这些还不行，必须有脚手架、吊车能够把材料送到高处。否则，地基打得再牢，也只能盖成两三层的高楼。古人为什么盖不起摩天大厦，不是因为地基不牢，而是没有吊车把建筑材料送到高处。专业知识如同地基，相关学科的知识如同吊车，大师如同摩天大厦，要造就大师就必须处理好专业知识和相关学科知识的关系。

传统的学者皓首穷经，一辈子都在打地基，刚把尖尖头露出地面时，就已经垂垂老矣。没有享受到做学问的快乐，没有成就感，也没有给后世留下什么，带着伤感就走了。这种悲剧实在是太多太多。

如果学校设置课程、个人构建知识结构能够打破传统的藩篱，就向大师的培养迈进了一大步。做到这一点并不容易，要摆脱根深蒂固的小农意识的影响。

36

诗性民族与理性民族

看看现代科学的各个分支，如数学、物理学、化学、天文学、生物学、遗传学等，很难找到我们中国人的影子。人类最伟大的 100 个发现，如氧气、微生物、冰川世纪、进化论，也没有我们的份。现代科学的建立基本上都是西方人的功劳。

这到底是一种偶然，还是有几分必然？

在西方的枪炮打开清帝国的大门时，中国的有识之士感叹自己是何等落后，开始思考导致这种落后的原因。儒家思想首先被当做罪魁祸首，五四运动提出了“打倒孔家店”的口号。孔子及其儒家思想固然没有什么科学发现，其思想理论也对科学进步帮助不大。但是中国科学技术落后是孔子的过失吗？不是。孔子也是中华民族的一员，他的思维方式不可能不受整个民族思维的影响，因为业已形成的整个民族的思维特性，以个人的力量是无法超越的。

早期的有识之士，又把汉字看做导致科学技术落后的原因。汉字只是记

这是1983年发行的邮票《西厢记》（设计者：王叔晖）里的《听琴》的局部。古代年轻男女，表达爱慕、确定幽会时间地点，都得露一手自己的诗才。这可能是那个时代读书人最实用的目的之一。

录汉语的辅助工具，不可能决定我们的思维方式。印度被英国殖民化，早就采用了英语，他们的科学技术就发达了吗？越南也早就弃汉字而改用罗马字母，他们的大科学家就很多吗？相反，日本还在使用汉字，却出了十几位诺贝尔奖获得者。显然，文字并不是制约科学技术发展的原因。

不同民族的先天智商没有高低，但是思维方式有类别之差，这决定了不同民族的文化特点和科技发展进程。按照思维方式，我把民族分为两大类。

第一，诗性的民族。这也可以理解为诗兴很浓的民族。人们关注人对景物的主观感受，物我不分，情景交融，思维特点为直观化、主观化，讲究的是直觉思维。中华民族大体上属于这一类。

第二，理性的民族。也可以理解为喜欢抽象思维的民族。人是一个独立思考的个体，习惯于推理、假设，寻找现象之间的因果关系，思维特点为抽象的、连贯的。西方人大体上属于这一类。

“诗性”并不是天生的，而是一种文化价值取向，它具有强大的感召力，引导人们的智慧朝这方面发展。《三字经》是最有影响力的中国传统儿童启蒙教材，自身就是一种诗体，宣扬以诗才看智慧的价值判断：“蔡文姬，能辨琴，谢道韫，能咏吟。彼女子，且聪敏，尔男子，当自警”；“莹八岁，能咏诗，泌七岁，能赋棋。彼颖悟，人称奇，尔幼学，当效之。”这里明确把弹琴、吟诗、作赋作为智慧的象征，让懵懂的孩子仿效。如果把其中的内容换为张衡发明地动仪、蔡伦发明造纸术、祖冲之计算圆周率，那么，我相信，每一代中都有可能出现这类人物，中国历史上会有不知多少的发明家、思想家！

在中国传统的价值体系中，张衡、蔡伦、祖冲之、毕昇等是没有地位的，远不如司马相如、郑板桥这些文人骚客。在这种文化氛围中，很少有人会把当科学家作为自己的理想，而想当才子者则大有人在。

中国最早的典籍之一《诗经》，那是一种天籁，唱出了我们这个民族纯真烂漫的心灵之声。《诗经》中的赋、比、兴奠定了中国的诗歌传统，同时也非常能体现诗性民族的思维特点。其中很多诗歌为我们描绘了一幅幅美丽的图景，让人觉得世界本来就是如此美好，一切都那么自然。《诗经》的第一首诗《关雎》，以雎鸠的协鸣求偶，比喻淑女配君子的天经地义。《桃夭》，

毕昇发明了活字印刷。但这并不是中国传统的教育目的，也不是父母和老师所鼓励的，只有做官才是正道，写诗才是有才华的表现。古代的年轻学子都想做司马相如、郑板桥，很少有人想成为蔡伦、毕昇这样的科学家。

以桃花妖冶、叶茂、硕果累累，比喻女子美丽、嫁人、生子的历程。这些诗歌多了诗情画意的美感，少了前因后果的严谨。飞禽界的求偶，与淑女配君子有逻辑关系吗？桃花的自然生长，与女子出嫁生子有什么关联吗？人们都陶醉于诗情画意，没有谁去想它们之间有没有内在的联系。

孔子是中华民族哲人的代表，在西方，凡是来自中国的名言警句，那些搞不清楚出处的，一股脑都安在孔子身上。孔子说话体现了典型的诗性思维，只下判断，不讲原因；只给结论，不给推理。关注的是“什么”，忽略的是“为什么”。齐景公问孔子怎么样搞政治，孔子回答：“君君臣臣，父父子子。”但是为什么如此、由此会带来什么效果，孔子并没有去论证。齐景公听后大为赞赏：“善哉！假如不这样的话，有粮食，我能吃到嘴里吗？”齐景公也不问个究竟，只讲自己的感受，把孔子的话片面理解为保住饭碗的良策。

相似的一个场景，东西方人看到后会有截然不同的反应。

都是在小桥流水的美景中游玩散心，西方人可以创造一个数学分支，中国人可能写一首优美的小诗。

18 世纪初叶，德国的哥尼斯堡附近河流交横，上面有七座小桥连接，居民们常来这里散步。他们就提出了这样一个问题：谁可以不重复地一次走完这七座桥？这个问题的提出就不一般。而那时候的中国，遇到同样的情形，镇长很可能提这样的问题：谁可以写一首诗描写此景此情，奖黄金百两。结果我们可能出一个童星诗人，德国则出了一个伟大的数学家欧拉。1736 年，29 岁的欧拉用数学方法论证了这个“七桥问题”，向圣彼得堡科学院递交了《哥尼斯堡的七座桥》这篇论文，在解答问题的同时，开创了数学的两个新的分支——图论与拓扑学，也由此开辟了数学史上的新进程。这个故事充分说明，德国出现了欧拉、希尔伯特这些伟大的数学家，是与民众的逻辑思维分不开的。

再看看中国诗坛的一段佳话。清朝年间，一位私塾先生带学生去春游。走到一座小桥上，见桥下河里漂浮着一具姑娘的尸体，先生指着女尸，要求学生即时赋诗，并先自吟一首：“二八女多娇，风吹落小桥。三魂随浪卷，七魄逐水漂。”跟随的学生都拍手叫好，有个小学生却摇了摇头。先生问他为什么，他说：“二八女多娇，你怎么知道；风吹落小桥，何以见得；三魂七魄，你看见了吗？”先生听了，大吃一惊：“你说怎么写？”小学生说：“谁家女多娇，何故落小桥？青丝随浪卷，粉面逐水漂。”先生说：“好，有见地！写诗也要像做学问一样，言之有据。”这个小学生就是大才子郑板桥。

这个所谓的诗坛佳话，还透露出一个令人痛心的信息：古代知识分子为了显示自己的文才，已经到了冷漠无情的地步，自然也就谈不上人性关怀和是非观念。这么一个妙龄少女死于河中，现代人的第一个反应是拨 110，探明是他杀还是自杀，背后可能就是一场惊心动魄的大案。郑板桥的老师竟然是诗兴大发，首先想到的是在自己的弟子面前卖弄才情。在这种文化中成长起来的孩子，也早已麻木了，想到的也是让老师看看我有多聪明。这种聪明即使再过人，这种才华即使再出众，对社会又有何益处？

结果，德国产生了影响世界数学史的欧拉，中国出现了制造诗坛佳话的郑板桥。

也许有人会抬杠，私塾先生带郑板桥去看的是一座桥，不可能提出“七桥”问题。我敢说，即使有二十四座桥，中国人也不会提出这类数学问题。“二十四桥明月夜，玉人何处教吹箫。”（杜牧《寄扬州韩绰判官》）诗人关注的是那悠扬的箫声，朦胧月色下的美人，皆为感官刺激。这是诗性民族的思维所决定的。

欧拉也不是一个偶然的现象。据说剑桥大学河流的一个桥墩上，写着一道数学公式。一个数学家在这里散步，突然灵感闪现，找到了长期思考的一个问题的答案，怕忘记了，就随手捡块石头，把这个数学公式写上去了。这已经成为当地的一个名胜古迹。

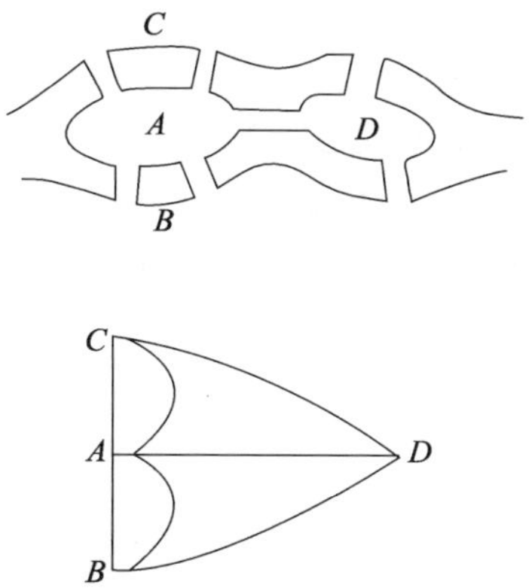

数学家欧拉证明了“七桥问题”，由此推动了拓扑学和图论的发展。

河边、山间，在中国是出诗人的地方，在西方则是出数学家、哲学家的地方。2008年，我到海德堡参加一个会议，那里的山上有一个景点，叫“哲学家之路”。当年黑格尔每天早上都要走一遍这条山路，据说镇上的居民不用看钟表，只用看黑格尔走到什么位置，就知道时间了。我顺着黑格尔走过的路走了一遍，在那条路上看到的风景确实漂亮，山脚下是条河水充沛的河流，错落有致的海德堡市尽收眼底，远处是绿树青山，还有那隐约可见的远古时期的城堡遗址。这般美景放在中国，可能产生的是陶渊明式的田园诗人，留给我们的是“采菊东篱下，悠然见南山”的美丽诗句。而德国人得到的是黑格尔的《小逻辑》、《大逻辑》以及他那庞大的哲学体系。

此时此景，陶渊明的感受是“此中有真意，欲辨已忘言”；黑格尔的态度则是“此中有真意，不辨不能闲”。这种中西对比，我用诗歌把它表达出来，就是一种诗性思维的体现。

同是观山景，西方的学人观出了科学大发现；中国的文人还是留下美妙的诗歌。

远古冰川世纪的发现，是人类最伟大的100个发现之一，首先是由瑞士学者Charpentier在1830年论证的。他在山间行走的时候，看到山川之间的巨石，从地质上看，这些大石头原来不是在这个位置的，那么是什么力量把它们推到这里来呢？他又看到悬崖的高处，有水长期冲刷的槽沟。Charpentier在遥远的另一山区，发现同样的地貌。他推断，在远古时期，整个北欧大陆在冰川的覆盖之下。后来这一假设被无数的化石、地质构造所证实，这对地球科学的发展起到了革命性的推动。

去过庐山的人都知道，在入山的峡谷里，有一块巨石，叫“冰川世纪石”，是著名的地质学家李四光发现的。李四光就是根据冰川理论做出推断的。然而，庐山是中国的历史文化名山，古今多少大诗人、大文豪都在这里旅游过，甚至生活过很长一段时间。多数大诗人肯定也都看到过这块大石头，但是没有人发出疑问：它是怎么到这里来的？关于庐山，最美妙的诗莫过于李白的《望庐山瀑布》：

日照香炉生紫烟，遥看瀑布挂前川。飞流直下三千尺，疑是银河落九天。

同样的山水，诗性民族的伟人，留给后世的是千古绝唱；理性民族的伟人，留给后世的是科学发现。不知道这是不是鱼和熊掌不可兼得的两件事情。

在中国古代，一个人要彰显智慧、要获得升官发财的机会，都与一副对联、一首诗或者一篇文章密切相关。一个人要扬名，要名留青史，写几首好诗是最有效的办法。这种评估体系，使人的心思和精力不可能不用于这方面。

对于一个年轻男士来说，能不能得到女士的青睐，也看你有没有文采。据《苏小妹三难新郎》的话本小说，在入洞房之前，苏小妹把窗户一关，皎洁的月色霎时不见，她给秦少游出了一个上联“双手推开窗前月”，把新郎推出门外，对出下联才能圆房。这下可急坏了秦少游，在院子里直转悠。苏轼看到此景，就想成全秦少游，把一颗石子扔到院中的水池里。秦少游灵机一动，有了：“一石击动水中天。”可以说古时候结个婚也不容易。在传统文化里，衡量年轻人才华和智慧的主要标准就是吟诗作对。一个小伙子平时不勤学苦练这方面的能力，到时可能连洞房都进不了。

同样一个客体，诗性民族与理性民族的观察角度也大不一样。就以几乎每天都能见到的月亮为例。

从《诗经》的时代到现在，中国的诗人都对月亮情有独钟，从《诗经》的“月出皎兮，佼人僚兮”到现代流行歌“都是月亮惹的祸”，在这3000多年的历史长河中，每个阶段都可以找到很多对应的月亮诗。然而古人对月亮的认识只是停留在直观的感受上，主要关注月亮亮度的强弱和形状的变化，如“月明星稀，乌鹊南飞”（曹操《短歌行》），“床前明月光，疑是地上霜”（李白《静夜思》），“月有阴晴圆缺”（苏轼《水调歌头》）。但是月亮究竟是什么？有人说它像个盘子，故用“玉盘”比喻，又有人说它像个轮子，故有“一轮明月”。

西方关于月亮的诗歌到底有多少，我没有统计过，但是肯定没有中国的多。我只听过意大利的《我的太阳》，还没有听过西方哪首歌是唱“我的月亮”的，更没有哪对恋人埋怨“都是月亮惹的祸”。似乎西方人更关心的是月亮的几何性质，他们很早就知道月亮是一个球体。获得数学界菲尔兹奖的华裔学者陶哲轩于2010年秋季来斯坦福大学讲学，题目是“宇宙的梯子”。

其中他谈到，认识到月亮是一个球体，是一个了不起的科学发现，这需要立体几何观念和光学原理。古代西方的哲人根据月亮明暗度的变化，认识到月亮的光源是太阳，而且只有照到球体上才有这样的效果：新月时分，圆的边上最亮，亮度逐渐减弱。

2011 年的除夕到正月十五，很多人可能都在发挥自己的诗歌才能。央视春节联欢晚会给出了四副对联的上联，向全国广大的观众征集下联，对得好的有大奖。这四条上联是：

五十六朵花开五色十光六合春
《游子吟》《乡愁》《静夜思》《荷塘月色》
虎步腾空去悄然兔耳听春步
百善孝为先常回家看看

不知多少人为了显示一下自己的才华，年夜饭吃不出香味，大年三十到正月十五的觉也睡得不安稳。也不知多少人为此伤了多少脑细胞，也不知多少人为此发了财。这也确实考查一个人的知识面和语言功底。从古到今，诗歌给我们以美的享受，诗歌也折腾我们。

诗性民族还有一个特点，很容易被煽情，很容易情绪化，经常出现盲从现象。2011 年 3 月 11 日，日本发生了九级大地震，导致核电厂泄漏放射性物质。可是日本那边还算平静，中国这边倒先乱了，突然兴起了抢盐风潮，据说有人买了几百斤盐回家。也不知道是哪个缺德的盐商放出来的信息，还是哪个神经过敏者引起的群体过敏？稍微有点儿头脑的人就会觉得这件事好笑，认真想一下：吃盐防辐射有没有科学依据？即使有，你总不能一顿吃两斤盐吧。果真如此，一个人可能还没有真正受到辐射伤害，吃盐先吃出问题了。有些人可能想趁机囤积居奇，发一笔大财，但是谁会相信你卖的是非辐射盐？果不其然，没过几天就有不少人醒悟过来后悔了，推着盐来退货。

近年来，中国有买绿豆潮、买大蒜潮、买红薯潮，还有现在已经冷却的炒股潮，以及现在愈演愈烈的炒房潮，这些都与诗性民族的思维不无关系。这些在欧美社会从没听说过。我也喜欢在国内生活，那叫一个热闹！

以前听过姜昆与唐杰忠合说的相声《着急》。讲一个人做事总是先人一步，听说副食品要涨价了，几乎把附近的一个小卖部“包圆”了，买了一洗澡池的酱油，几脸盆的醋，一被窝的面酱。等来等去，还是不涨价，就天天到居民委员会那里呼吁："涨价有理！坚决支持涨价！涨价代表我们广大群众的心声！"没过几天，居民委员会张大妈在大街上吆喝了一声："接到上面通知，副食品价格下调20%。""着急先生"一听就瘫倒了。中国是"着急先生"最多的国度，这与民族文化不无关系。现在房价居高不下，除了与开发商、一些地方政府的因素有关外，也与"炒房大军"中的众多"老急"式人物的推波助澜不无关系。你想，手里有两三套房子的人，哪个不日日夜夜盼着房子涨价？靠炒房发家致富，也是中国当代经济中的一种特殊现象。

像"大跃进"、"文化大革命"这些破坏性巨大的群众性的政治运动，之所以能够反反复复在中国历史上出现，除了少数阴谋家的煽动外，也与大众的思维特点不无关系。只要打破一个缺口、提供一个条件，这些非理性的情绪就会泛滥，形成汹涌澎湃的破坏势力，造成民族的大灾难。

中华民族具有诗性的文化、诗性的思维、诗性的乐趣、诗性的回报。然而，我们是否应该对此做出一种理性的反思？

卷尾语

打招呼的
昨天、今天和明天

什么时候说什么话。招呼语的变化，最能反映时代的风尚。

在古代，营养单调匮乏，又不打防疫针，加上不对症下药，不少人天天要与疾病作斗争，几天不见，亲人之间会记挂，朋友之间会担心。所以那时候的问候是："别来无恙乎?"现在见面，如果有人问："最近没生病吧?"别人会觉得你才病了呢！可是在古代这的确是一个亲切的问候。

古往今来，吃饭一直是一个问题。在相当长的历史时期内，地虽多，但是产量低，加上苛捐杂税，旱涝灾害，人们常常饿肚子。熟人之间最关切的是："吃饭了没有?"请客吃饭，主人最关心的是量够不够，常用的一句客套话就是："吃饱了吧?"家人之间，吃没吃饭，心知肚明，一般不会这么问。

温饱问题在最近一二十年才被真正解决了。吃不上一日三餐的人，比较少见了。请客吃饭，大家最关心的是："吃好了没有?"如果现在见面就是吃饭，就显得不上档次，太俗了。

现在生活变化的节奏很快，周围的人好事连连。所以现在问得更多的是："工资涨了吗?""房子有多大?""出去旅游了吗?"这说明社会发展了，已经有条件满足人们的各种欲望。

物质丰富了，欲望满足了，人们就开始关心精神生活了。央视名嘴白岩松刚刚出版了一本书，书名很新潮，叫"你幸福了吗"。

假如有一天，中国人见面是这样打招呼的："今天，你读书了吗?""你最近读了什么书?"对个人则意味着，你已经拥有了一个健康的人生、富裕的人生、快乐的人生、成功的人生。对国家则意味着，中华民族已经是一个富强的民族、自信的民族、理智的民族、永远的民族！

温总理在2009年与网友的交谈中说道：我非常希望提倡全民读书。我愿意看到人们在坐地铁的时候能够手里拿上一本书，因为我一直认为，知识不仅给人力量，还给人安全，给人幸福。

我期待着这一天早日到来！